W0263349

Zu diesem Buch

Die Skriptenreihe Einführung in
die Elektrotechnik enthält den
Stoff der vom Verfasser an der
Technischen Universität Hannover
gehaltenen Grundvorlesung über
dieses Gebiet. Die mathematischen
Voraussetzungen sind so gewählt,
daß die Skripten vom Beginn des
Studiums an neben den Vorlesungen
zum selbständigen Erarbeiten des
Stoffes genutzt werden können.
Dadurch sind sie für Studenten
an Hochschulen und Fachhoch-
schulen gleichermaßen geeignet.

Die Einführung in die Elektrotechnik
umfaßt drei Bände:

1   Band 1 Grundlagen und Netzwerke
    (Verlags-Nr.0001)

2   Band 2 Elektrische und magnetische
    Felder (Verlags-Nr.0002)

3   Band 3 Wechselstrom (Verlags-Nr.0003)

Einführung in die Elektrotechnik

3 Wechselstrom

Von H.Frohne

o.Professor an der
Technischen Universität
Hannover

1971. Mit 114 Bildern

B.G.Teubner Stuttgart

Prof. Dr.-Ing. Heinrich Frohne

1928 geboren in Paderborn. 1950 bis
1953 Studium der Elektrotechnik an
der Ingenieurschule Lage/Lippe.
1953 bis 1957 Studium der Elektrotechnik an der Technischen Hoch-
schule Hannover. 1957 bis 1959
Assistent am Lehrstuhl für Elektrische Maschinen der Technischen Hoch-
schule Hannover. 1959 Promotion.
1959 bis 1966 Firma Conti-Elektro AG,
Schorch-Werke, Rheydt: Leiter der
Berechnungs- und Konstruktionsab-
teilung für große Maschinen; Leiter
der gesamten technischen Entwicklung
des Motorenwerkes. 1966 bis 1968 Ab-
teilungsvorsteher und Professor am
Institut für elektrische Maschinen,
Antriebe und Bahnen der Technischen
Universität Braunschweig. Seit 1968
ord. Professor und Direktor des
Institutes für Grundlagen der Elektrotechnik und elektrische Meßtechnik
der Technischen Universität Hannover.

ISBN 978-3-519-00003-7   ISBN 978-3-322-91127-8 (eBook)
DOI 10.1007/978-3-322-91127-8

Vorwort

Die Skripten "Einführung in die Elektrotechnik" fassen das für das Fach-
studium der Elektrotechnik notwendige Präsenzwissen zusammen. Sie
beziehen sich auf den Stoff der ersten Semester vor dem Vorexamen
und sind so abgefaßt, daß sie mit Kenntnissen in der Infinitesimal- und
Vektorrechnung im Selbststudium durchgearbeitet werden können. Letz-
teres erschien besonders wichtig, damit - aufbauend auf ein während
des Studiums selbsterarbeitetes Grundwissen - in den Vorlesungen stär-
ker auf die Anwendung der Grundlagen, ihre Einordnung in übergeord-
nete Betrachtungsweisen und nicht zuletzt auf besondere Verständnis-
schwierigkeiten eingegangen werden kann.

Durch Herausstellen von Lehrsätzen und Arbeitsanweisungen sowie
eine möglichst übersichtliche Gliederung soll erreicht werden, daß die
vorliegenden Skripten auch für das weitere Studium zum schnellen Nach-
schlagen genutzt werden können. Aus diesem Grunde wurde auch auf
das Einfügen von Beispielen verzichtet, zumal diese in bestehenden
Aufgabensammlungen in genügendem Umfang greifbar sind.

Der dritte Band behandelt die Wechselstromlehre. Dazu sind die Grund-
gesetze und Regeln des ersten Bandes übernommen, in die statt der
Gleichgrößen die Augenblickswerte der Wechselgrößen eingesetzt werden. Es wird erläutert, daß die sich dann ergebenden Gleichungen für
den Sonderfall zeitlich sich sinusförmig ändernder Größen mit Hilfe der
komplexen Rechnung gelöst werden können. Auf die übersichtliche Darstellung des vollständigen formalen Ablaufes dieser komplexen Lösungs-
methode als mathematische Transformation, ihres Charakters als Definition und ihres physikalischen Hintergrundes wird besonderer Wert
gelegt. Bei der grundlegenden Betrachtung der Induktivität wird die
formale und physikalische Unterscheidung zwischen Selbstinduktions-
spannung - im Sinne der EMK - und Spannungsabfall beibehalten. Wenn
auch bei den weiteren formalen Darstellungen weitgehend der Begriff

der Spannung verwendet wird, erscheint die Erläuterung einer solchen Unterscheidung doch wichtig, die bei den Feldbetrachtungen im zweiten Band voll zum Tragen kommt, um die physikalischen Vorstellungen des Studierenden zu vertiefen und um ihn anzuleiten, zwischen physikalischen Gegebenheiten und formalen Definitionen klar zu unterscheiden.

Die Vorgänge in elektrischen Schwingkreisen werden betont aus der Sicht der auftretenden Energiependelungen erläutert, da die Energieumspeicherung das allen Schwingungsformen gemeinsame und somit das physikalische Wesen der Schwingung charakterisierende Phänomen ist. In starkem Maße werden Analogiebetrachtungen zu den mechanischen Schwingungen angestellt, einmal, um das über die elektrischen Schwingungen hinausgehende physikalische Charakteristikum der Schwingung herauszustellen, und zum anderen, um zu erläutern, daß elektrische wie auch mechanische Schwingungen mit dem gleichen mathematischen Formalismus behandelt werden können.

Der dritte Band schließt mit der Behandlung der Mehrphasensysteme. Nach einer ordnenden Übersicht werden die Methoden zur Berechnung symmetrischer wie auch unsymmetrischer Mehrphasenprobleme erläutert, und es wird allgemein das Prinzip der Drehfelderregung erörtert, da hierin die überragende praktische Bedeutung der Mehrphasensysteme liegt.

Abschließend möchte ich Herrn Prof. Dr.-Ing. Ueckert für kritische Durchsicht und wertvolle Hinweise sowie den Mitarbeitern des Instituts "Grundlagen der Elektrotechnik und elektrische Meßtechnik" der TU Hannover für Diskussionen und redaktionelle Hilfe danken.

Hannover, im Januar 1971   H. Frohne

Inhaltsverzeichnis

1. Grundbegriffe und Definitionen in der Wechselstromtechnik

Man unterscheidet grundsätzlich zwischen Gleichvorgängen, bei denen die betrachteten Größen - Gleichgrößen - zeitlich konstant sind, und veränderlichen Vorgängen, bei denen sich die betrachteten Größen in ihrem Wert und/oder in ihrer Richtung zeitlich ändern. Bei den veränderlichen Vorgängen unterscheidet man, ob sie eine periodische oder nichtperiodische Änderung zeigen.

Bedeutung haben vor allem die periodischen Vorgänge, deren Kennzeichen die sich periodisch wiederholende Art der Änderung ist. Nichtperiodische Vorgänge kann man als periodische der Periodenzahl Eins auffassen (siehe harmonische Analyse).

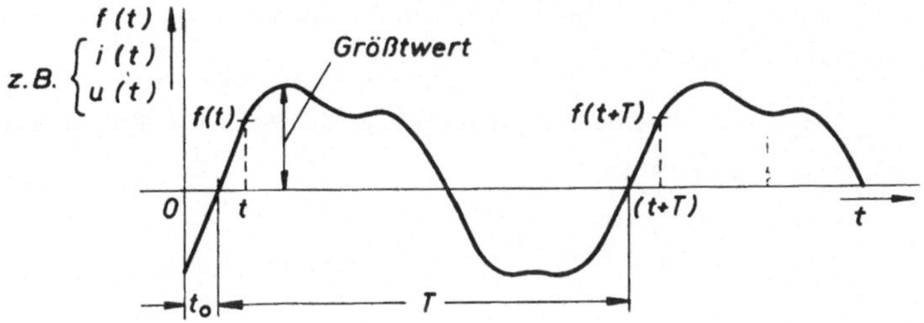

Bild 1 Bezeichnung einer Größe, die sich periodisch mit der Zeit ändert

Die Zeitspanne, nach der sich der zeitlich periodische Verlauf gleichartig wiederholt, nennt man

> Periodendauer   T   dim (Zeit)

und die Zahl der Perioden pro Zeit

> Frequenz f $= \frac{1}{T}$ dim (1/Zeit).

*Bei periodischen Wechselgrößen stellt sich nach
der Periodendauer T stets wieder der gleiche
Augenblickswert ein. Augenblickswerte werden
durch kleine lateinische Buchstaben oder allgemein durch f(t) symbolisiert.*

$$f(t) = f(t + nT) \qquad n = \text{jede ganze Zahl.}$$

Der Bezugspunkt für die Zeitzählung ist willkürlich. Man bezeichnet die
Zeit vom Nullpunkt des gewählten Koordinatensystems bis zum ersten
positiven Nulldurchgang der Zeitfunktion mit

Nullzeit t_o

Die periodischen Vorgänge sind nach DIN 5488 wie folgt unterteilt:

Wechselvorgänge sind Vorgänge, bei denen der arithmetische Mittelwert (siehe nächste Seite) der sich periodisch mit der Zeit ändernden
Augenblickswerte gleich Null ist.

Sinusvorgänge sind Wechselvorgänge, bei denen der Augenblickswert
zeitlich sinusförmig verläuft.

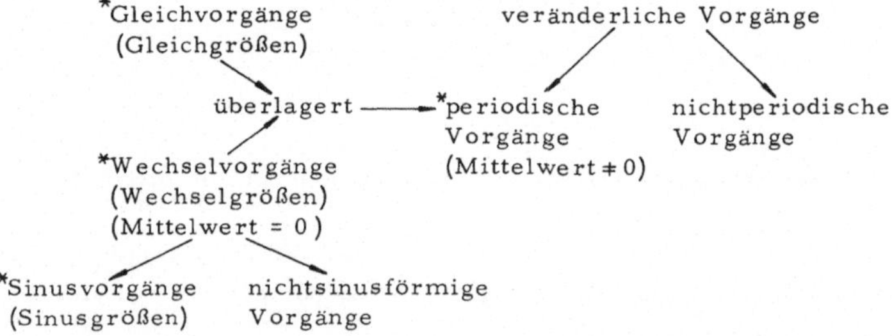

In der Nachrichten- und Meßtechnik werden zeitlich veränderliche nicht-
elektrische Größen durch elektrische Größen (Wechselstrom oder Wechselspannung) abgebildet und als solche weitergeleitet und verarbeitet.

Hier steht verständlicherweise die Betrachtung der Augenblickswerte
und deren zeitliche Änderung im Vordergrund. Dagegen interessieren
bei vielen anderen Problemen, z. B. in der Energietechnik, mehr die
zeitlichen Mittelwerte, etwa der der Leistung, der Induktions- oder
Kraftwirkung usw. Es sind daher für die Zeitfunktionen der Augenblickswerte $x(t)$ periodischer Größen folgende Mittelwerte definiert worden:

Arithmetischer Mittelwert

$$\bar{x} = \frac{1}{T} \int_{t}^{t+T} x(t)\, dt \qquad\qquad (1)$$

Beispiel:

Der arithmetische Mittelwert zeitlich periodisch veränderlicher Spannungen $u(t)$ bzw. Ströme $i(t)$ beträgt

$$\bar{u} = \frac{1}{T} \int_{t}^{t+T} u(t)\, dt \qquad\text{bzw.}\qquad \bar{i} = \frac{1}{T} \int_{t}^{t+T} i(t)\, dt \;.$$

Wechselgrößen sind dadurch definiert, daß der arithmetische Mittelwert gleich Null ist, d. h., für Wechselgrößen liefert der arithmetische
Mittelwert keine quantitative Aussage.

Bei periodischen Vorgängen, also solchen, die aus überlagerten Gleich-
und Wechselvorgängen bestehen, gibt der arithmetische Mittelwert den
Wert der Gleichgröße an, z. B. die Gleichstrom- oder Gleichspannungs-
komponente:

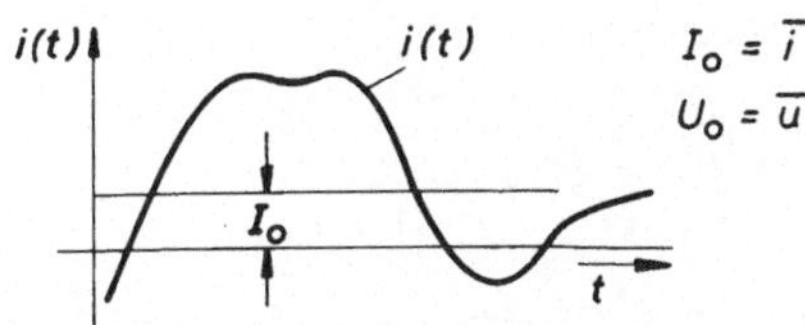

Bild 2 Periodischer Gleichstrom

Gleichrichtwert

Der Gleichrichtwert ist der arithmetische Mittelwert der absoluten
Augenblickswerte:

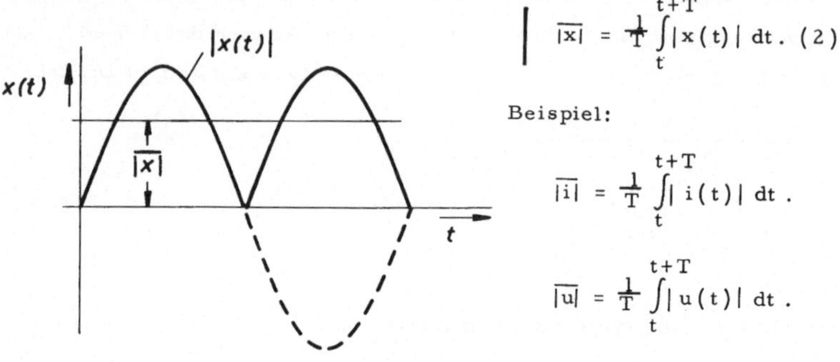

$$\overline{|x|} = \frac{1}{T} \int_t^{t+T} |x(t)|\, dt . \quad (2)$$

Beispiel:

$$\overline{|i|} = \frac{1}{T} \int_t^{t+T} |i(t)|\, dt .$$

$$\overline{|u|} = \frac{1}{T} \int_t^{t+T} |u(t)|\, dt .$$

Bild 3 Absolutwerte $|x(t)|$ und
Gleichrichtwert einer Wechselgröße

Nach DIN 5483 werden der Mittel- und Gleichrichtwert durch Überstrei-
chen des vollständigen Größenausdrucks dargestellt, z.B. ist die
Schreibweise $|\overline{u}|$, $|\overline{i}|$ für den Gleichrichtwert oder $\overline{u} \cdot \overline{i}$ für den arith-
metischen Mittelwert der Leistung falsch; richtig heißt es $\overline{|u|}$, $\overline{|i|}$ oder
$\overline{u \cdot i}$.

Effektivwert

Der Effektivwert ist der quadratische Mittelwert der Augenblickswerte
eines periodischen Vorgangs:

$$x_{eff} \text{ oder } \tilde{x} = +\sqrt{\frac{1}{T} \int_t^{t+T} x(t)^2\, dt} . \quad (3)$$

Effektivwerte elektrischer Größen - z.B. Spannung $\tilde{u}$ und Strom $\tilde{i}$ -
werden durch große lateinische Buchstaben U oder I symbolisiert. Mit
diesen Effektivwerten ergibt sich in einem ohmschen Widerstand R die

gleiche mittlere Leistung ($P_\sim$) wie mit dem gleich großen Wert der entsprechenden Gleichgröße ($P_=$).

$$P_= = P_{\sim} \text{ mit}$$

$$I_=^2 R = \frac{1}{T} \int\limits_t^{t+T} R \cdot i(t)^2 \, dt = i_{eff}^2 R,$$

$$i_{eff} = I = \sqrt{\frac{1}{T} \int\limits_t^{t+T} i(t)^2 \, dt}$$

oder

$$\frac{U_=^2}{R} = \frac{1}{T} \int\limits_t^{t+T} \frac{1}{R} u(t)^2 \, dt = \frac{u_{eff}^2}{R},$$

$$u_{eff} = U = \sqrt{\frac{1}{T} \int\limits_t^{t+T} u(t)^2 \, dt}.$$

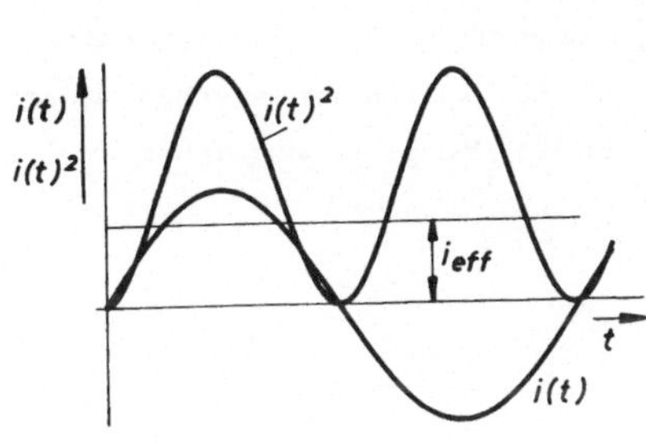

Bild 4 Effektivwert eines Wechselstromes

Die so definierten Werte vermitteln zwar einen Eindruck von der mittleren Größe der Wirkung, nicht aber von dem zeitlichen Verlauf der Augenblickswerte, also der Kurvenform. Um eine einfach zu handhabende - wenn auch keinesfalls umfassende - Aussage über die Kurvenform zu bekommen, hat man eine Reihe weiterer Definitionen geschaffen, deren wichtigste lauten:

$$\underline{\text{Formfaktor}} = \frac{\text{Effektivwert}}{\text{Gleichrichtwert}} \, . \tag{4}$$

Dieser ist das Verhältnis des für die elektrische Leistung maßgebenden quadratischen Mittelwertes (Effektivwert) zu dem arithmetischen Mittelwert der Absolutwerte (Gleichrichtwert), der z.B. maßgebend ist für Kraftwirkungen im Magnetfeld, elektrolytische Vorgänge usw.

$$\underline{\text{Scheitelfaktor}} = \frac{\text{größter Augenblickswert}}{\text{Effektivwert}} \, . \tag{5}$$

Er gibt Auskunft über die Beanspruchung einer Anlage, die sich aus dem

Maximalwert von Strom oder Spannung ergibt, z.B. die elektrische Beanspruchung durch die Spannungsamplituden oder die mechanische Beanspruchung durch die Stromamplituden.

Weitere Definitionen, die mit <u>einer</u> Größe die für ein bestimmtes Problem charakteristischen Eigenschaften einer Kurvenform angeben, werden bei der Betrachtung nichtsinusförmiger Vorgänge aufgeführt.

2. Sinusförmige Wechselströme

Die Sinusfunktion ist die einfachste periodische Funktion. Alle komplizierteren periodischen Funktionen kann man sich aus einer Summe sinusförmiger Funktionen zusammengesetzt denken (Satz von Fourier).
In der Praxis strebt man bei allen Problemen, bei denen man wohl die Induktionswirkungen zeitlich veränderlicher Ströme, nicht aber die konkrete Zeitfunktion nutzt, wie z.B. in der Energietechnik, immer rein sinusförmige Spannungen und Ströme einer Frequenz an, da diese die günstigsten Belastungen ergeben (alle Elemente werden nur mit Größen einer Frequenz beansprucht). Es ist daher verständlich, daß den sinusförmigen Wechselgrößen eine überragende Bedeutung zugemessen werden muß.

2.1. Darstellung und Beschreibung sinusförmiger Ströme und Spannungen

Eine sinusförmige Spannung wird z.B. in einer Spule induziert, die in einem homogenen magnetischen Feld gleichförmig rotiert.

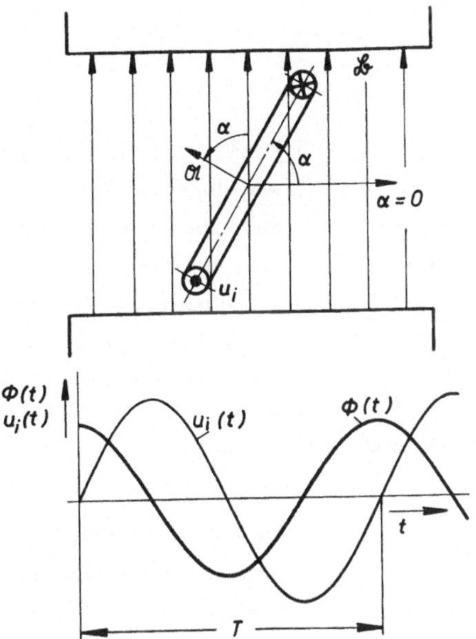

Bild 5 Schematische Darstellung der
Erzeugung einer Wechsel-
spannung mittels einer im
homogenen Magnetfeld rotierenden Spule

Der von dieser Spule um-
faßte Fluß

$$\Phi = \int_A \mathfrak{B}\, d\alpha = \mathfrak{B}\, \mathfrak{A} = BA\cos\alpha$$

ist bei konstanter Winkelgeschwindigkeit ω der
Spule

$$\alpha = \omega t$$

sinusförmig von der Zeit
abhängig:

$$\Phi(t) = BA\cos\omega t$$

Damit verläuft die indu-
zierte Spannung

$$u_i(t) = -\frac{d\Phi(t)}{dt}$$

$$u_i(t) = \omega BA \sin\omega t$$

ebenfalls sinusförmig in Abhängigkeit von der Zeit.

Aus $\omega T = 2\pi$ ergibt sich die

    <u>Periodendauer</u> $\qquad T = \dfrac{2\pi}{\omega}$

und damit die

    <u>Frequenz</u> $\qquad f = \dfrac{1}{T} = \dfrac{\omega}{2\pi} \; .$

In Anlehnung an die gleichförmige Rotation mit der Winkelgeschwindigkeit ω hat man für Wechselgrößen die

$$\underline{\text{Kreisfrequenz}} \quad \omega = 2\,\pi\,f$$

definiert.

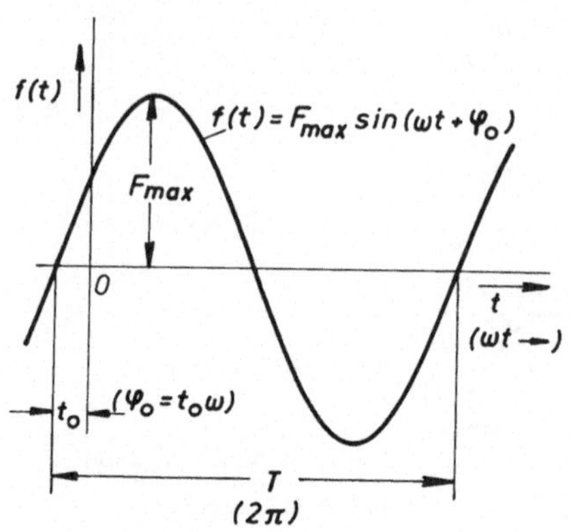

Bild 6 Darstellung einer Sinusschwingung über der Zeit t oder der Verhältnisgröße ωt

Häufig wird der zeitlich sinusförmige Verlauf nicht über t, sondern über der Verhältnisgröße ωt aufgetragen. Für diese Darstellung ergibt sich die Periodendauer

$$T' = T\,\omega = 2\,\pi$$

ebenfalls als Größe der Dimension eins, die als Winkel gedeutet werden kann, genau wie die Nullzeit, die dann als

$$\underline{\text{Nullphase}} \quad \varphi_o = t_o\,\omega$$

bezeichnet wird.

Eine zeitlich sinusförmige Größe wird eindeutig bestimmt durch folgende drei Angaben:

1. Scheitelwert, das ist der maximale Augenblickswert, der symbolisiert wird durch das entsprechende Größenzeichen mit einem Dach oder dem Index "max"

$$a_{max} = \hat{a} = \hat{A}\,.$$

2. Periodendauer T, Frequenz f oder Kreisfrequenz ω.

3. Nullzeit t_o oder Nullphase φ_o.

Damit werden die Augenblickswerte der Sinusgröße eindeutig als Funktion der Zeit durch die Gleichung

$$a(t) = \hat{A} \sin(\omega t + \varphi_o)$$

beschrieben.

Für sinusförmige Größen ergeben sich die in Abschnitt 1 angeführten Definitionen wie folgt:

Arithmetischer Mittelwert

$$\bar{a} = 0 .$$

Gleichrichtwert

$$\overline{|a|} = \frac{1}{T} \int\limits_{t}^{t+T} |a(t)|\, dt = \frac{2}{T} \int\limits_{0}^{T/2} \hat{A} \sin \omega t \; dt \quad ; \quad \omega t = \alpha \; ; \; T = \frac{2\pi}{\omega}$$

$$\overline{|a|} = \frac{\hat{A}}{\pi} \int\limits_{\alpha=0}^{\pi} \sin \alpha \; d\alpha = - \frac{\hat{A}}{\pi} \Big| \cos \alpha \Big|_{0}^{\pi}$$

$$\overline{|a|} = \frac{2}{\pi} \hat{A} .$$

Effektivwert

$$A^2 = \frac{1}{T} \int\limits_{t}^{t+T} a(t)^2\, dt = \frac{2}{T} \int\limits_{0}^{T/2} (\hat{A} \sin \omega t)^2 \, dt \quad ; \quad \omega t = \alpha \; ; \; T = \frac{2\pi}{\omega}$$

$$A^2 = \frac{\hat{A}^2}{\pi} \int\limits_{\alpha=0}^{\pi} \tfrac{1}{2}(1 - \cos 2\alpha)\, d\alpha = \frac{\hat{A}^2}{\pi} \Big| \frac{\alpha}{2} - \tfrac{1}{4} \sin 2\alpha \Big|_{0}^{\pi}$$

$$A^2 = \frac{\hat{A}^2}{\pi} \left(\frac{\pi}{2} - 0 - \tfrac{1}{4} \sin 2\pi + \tfrac{1}{4} \sin 0 \right)$$

$$A = \frac{\hat{A}}{\sqrt{2}} \; .$$

Formfaktor

$$\frac{I}{|i|} = \frac{U}{|u|} = \frac{\frac{1}{\sqrt{2}}}{\frac{2}{\pi}} = \frac{\pi}{2\sqrt{2}} = 1,11 .$$

Scheitelfaktor

$$\frac{i_{max}}{I} = \frac{u_{max}}{U} = \sqrt{2} \; .$$

2.2. Grundschaltelemente in Wechselstromkreisen

Ein ohmscher Widerstand R liege an einer Wechselspannung

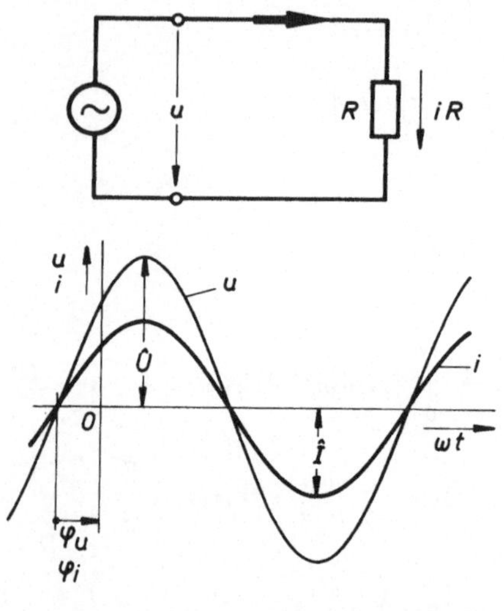

Bild 7 Ohmscher Widerstand an
        Wechselspannung

$$u = \hat{U} \sin(\omega t + \varphi_u).$$

Im Verbraucherzählpfeil-
system ergibt sich aus
dem 2. Kirchhoffschen
Satz

$$u - iR = 0, \quad i = \frac{u}{R}$$

der Strom

$$i = \frac{\hat{U}}{R} \sin(\omega t + \varphi_u) =$$

$$= \hat{I} \sin(\omega t + \varphi_i).$$

Die für Gleichstromkreise allgemein definierte Größe des elektrischen Widerstandes $R = U/I$ (siehe Bd. I, 2. 2. 5) wird auch für sinusförmige Wechselgrößen mit der Festlegung übernommen, daß in dem Quotienten U/I die Scheitelwerte von Spannung und Strom eingesetzt werden. Zu beachten ist aber, daß diese Scheitelwerte im allgemeinen - d. h. in Stromkreisen, die nicht ausschließlich aus ohmschen Widerständen bestehen - zu Zeiten auftreten, die sich entsprechend der Phasenverschiebung zwischen Spannung und Strom $\varphi = \varphi_u - \varphi_i$ unterscheiden.

Durch Koeffizientenvergleich gewinnt man also aus obigen Gleichungen

$$\frac{\hat{U}}{\hat{I}} = R \qquad \text{und} \qquad \varphi_i = \varphi_u \,,$$

d. h., die Phasenverschiebung zwischen Spannung und Strom ($\varphi = \varphi_u - \varphi_i$) ist gleich Null.

> *Liegt ein ohmscher Widerstand an Wechselspannung,*
> *so ist der Quotient $\hat{U}/\hat{I}$ gleich diesem ohmschen*
> *Widerstand. Der Strom hat im VZS die gleiche Pha-*
> *senlage wie die Spannung ($\varphi = 0$).*

<u>Eine Kapazität C</u> liege an einer Wechselspannung

$$u = \hat{U} \sin(\omega t + \varphi_u).$$

Im Verbraucherzählpfeilsystem ergibt sich aus dem 2. Kirchhoffschen Satz ($\Sigma u = 0$)

$$u - \frac{1}{C} \int i \, dt = 0$$

der Strom

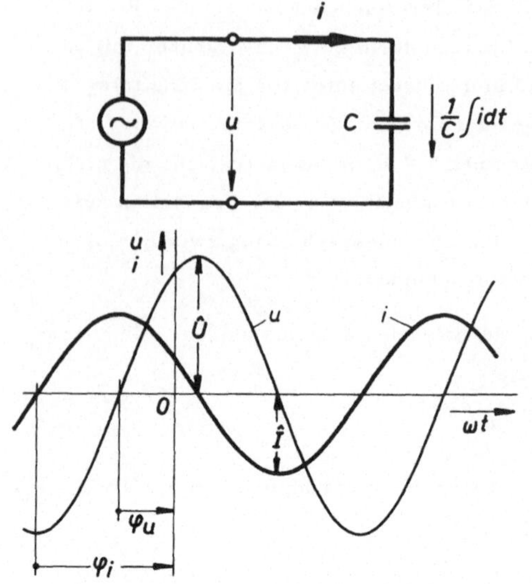

Bild 8 Kondensator an Wechselspannung

$$i = C\,\frac{du}{dt} = C\hat{U}\omega\cos(\omega t + \varphi_u)$$

$$= \hat{I}\,\sin(\omega t + \varphi_i).$$

Daraus folgt durch Koeffizientenvergleich:

$$\frac{\hat{U}}{\hat{I}} = \frac{1}{\omega C} \quad \text{und} \quad \varphi_i = (+\varphi_u + \frac{\pi}{2}).$$

Die Phasenverschiebung zwischen Spannung und Strom beträgt damit

$$\varphi = \varphi_u - \varphi_i$$

$$= \varphi_u - (+\varphi_u + \frac{\pi}{2}) = -\frac{\pi}{2}$$

Liegt eine Kapazität an Wechselspannung, so ist der Quotient $\hat{U}/\hat{I}$ gleich dem Kehrwert des Produktes ωC. Im Verbraucherzählpfeilsystem tritt der Maximalwert des Stromes um eine Viertelperiode früher auf als der der Spannung. Der Strom eilt der Spannung voraus ($\varphi = -\pi/2$).

<u>Eine Induktivität L</u> liege an einer Wechselspannung

$$u = \hat{U}\,\sin(\omega t + \varphi_u).$$

Im Verbraucherzählpfeilsystem ergibt sich aus dem 2. Kirchhoffschen Satz ($\Sigma u - \Sigma u_i = 0$)

$$u = +L\,\frac{di}{dt}$$

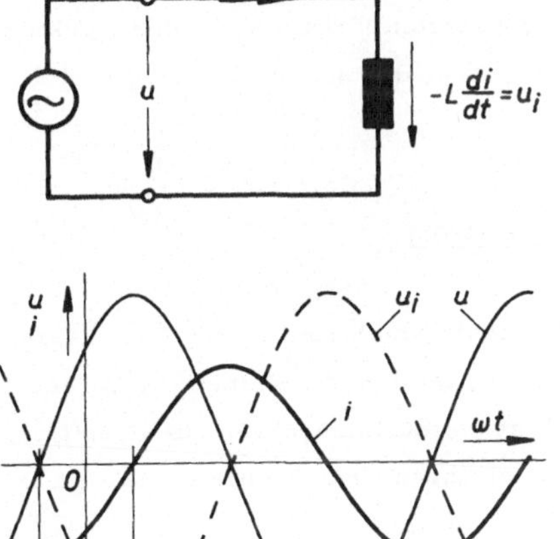

Bild 9 Induktivität an Wechselspannung

der Strom

$$i = \frac{1}{L}\int u\; dt$$

$$= \frac{1}{L}\int \hat{U}\,\sin(\omega t+\varphi_u)\; dt$$

$$= -\frac{\hat{U}}{\omega L}\cos(\omega t+\varphi_u)$$

$$= \hat{I}\,\sin(\omega t+\varphi_i).$$

Durch Koeffizientenvergleich bekommt man

$$\frac{\hat{U}}{\hat{I}} = \omega L \quad \text{und}\quad \varphi_i = (+\varphi_u - \tfrac{\pi}{2}).$$

Damit ergibt sich der Phasenwinkel zwischen

u und i zu:

$$\varphi = \varphi_u - \varphi_i = \varphi_u - (+\varphi_u - \tfrac{\pi}{2}) = +\tfrac{\pi}{2}.$$

Liegt eine Induktivität an Wechselspannung, so ist der Quotient $\hat{U}/\hat{I}$ gleich ωL. Im Verbraucherzählpfeilsystem tritt der Maximalwert des Stromes um eine Viertelperiode später auf als der der <u>angelegten Spannung</u>. Der Strom eilt der <u>Spannung</u> nach ($\varphi = +\pi/2$).

Es muß natürlich unterschieden werden zwischen

a) der angelegten Spannung oder dem Spannungsabfall an einer Induktivität ($u = -u_i = +L\dfrac{di}{dt}$), gegenüber der der Strom um $\tfrac{\pi}{2}$ nacheilt, und

b) der in einer Induktivität vom Strom induzierten Selbstinduktions-spannung ($u_i = - L\frac{di}{dt}$), gegenüber der der Strom um $\frac{\pi}{2}$ voreilt.

2.3. Ohmsches Gesetz bei Wechselstrom

Der Zusammenhang zwischen Spannung und Strom ist bei Gleichspannung durch den Quotienten U/I, der gleich ist dem Widerstand R, bereits eindeutig bestimmt. Dagegen wird dieser Zusammenhang bei sinusförmiger Wechselspannung erst durch die folgenden zwei Größen eindeutig beschrieben:

1. Der Quotient U/I, der analog dem Widerstandsbegriff bei Gleichspannung definiert ist, hat zwar bei Wechselspannung immer die Dimension eines Widerstandes, aber nur bei ohmschen Widerständen auch die gleiche physikalische Bedeutung. Bei nicht rein ohmschen Widerständen treten die Spitzenwerte bzw. die entsprechenden Augenblickswerte von Strom und Spannung zu verschiedenen Zeiten auf, was aus der Definition unter Punkt 2 deutlich wird.

   Der Quotient $\hat{U}/\hat{I}$ ist bei sinusförmiger Wechselspannung eine allgemeingültig definierte Rechengröße, die als

   $$\text{\textit{Scheinwiderstand}} \quad \hat{U}/\hat{I} = U/I = Z \qquad (6)$$

   bezeichnet wird und die Dimension eines Widerstandes hat.

2. Die Phasenverschiebung $\varphi = \varphi_u - \varphi_i$ zwischen Spannung und Strom, mit der der Scheinwiderstand auch über die Augenblickswerte von Strom und Spannung wie folgt definiert werden kann:

$$Z = \frac{u(t)}{i\left(t + \frac{\varphi}{\omega}\right)} \; .$$

*Die Phasenverschiebung φ zwischen Spannung und Strom
beschreibt die zeitliche Verschiebung zwischen den
entsprechenden Augenblickswerten von Strom und Spannung.*

$$\varphi = \varphi_u - \varphi_i \tag{7}$$

Für die drei Grundschaltelemente ergibt sich der Zusammenhang zwischen Strom und   Spannung wie folgt:

Ohmscher, reeller oder <u>Wirkwiderstand</u>

$$Z = R \qquad ; \qquad \varphi = \varphi_u - \varphi_i = 0.$$

Kapazitiver <u>Blindwiderstand</u>

$$Z = X_c = \frac{1}{\omega C} \qquad ; \qquad \varphi = \varphi_u - \varphi_i = -\frac{\pi}{2} \; .$$

Induktiver <u>Blindwiderstand</u>

$$Z = X_L = \omega L \qquad ; \qquad \varphi = \varphi_u - \varphi_i = +\frac{\pi}{2} \; .$$

*Das Ohmsche Gesetz gilt auch für Wechselstrom,
wenn man die als Scheinwiderstand definierte
Rechengröße einführt und beachtet, daß die durch
das Ohmsche Gesetz verknüpften Größen von Strom
und Spannung im allgemeinen zu verschiedenen Zeiten auftreten, d.h. die Phasenverschiebung zwischen beiden berücksichtigt:*

$$\frac{U}{I} = R = \frac{u(t_1)}{i(t_1)} \qquad\qquad \frac{U}{I} = \omega L \left(= \frac{1}{\omega C}\right) \neq \frac{u(t_1)}{i(t_1)} \; .$$

2.4. Die Summe zweier Sinusgrößen und die Kirchhoffschen Sätze für Wechselstromkreise

Die Summe der zwei sinusförmigen Größen

$$a = \hat{A} \sin(\omega t + \varphi_a), \qquad b = \hat{B} \sin(\omega t + \varphi_b)$$

läßt sich mit Hilfe der Additionstheoreme wie folgt schreiben:

$$(a + b) = \hat{A} \sin \omega t \cos \varphi_a + \hat{A} \cos \omega t \sin \varphi_a + \hat{B} \sin \omega t \cos \varphi_b +$$

$$+ \hat{B} \cos \omega t \sin \varphi_b ,$$

$$(a + b) = (\hat{A} \cos \varphi_a + \hat{B} \cos \varphi_b) \sin \omega t + (\hat{A} \sin \varphi_a + \hat{B} \sin \varphi_b) \cos \omega t.$$

Die Summe in den Klammern ersetzt man durch die Größen

$$\hat{C} \sin \varphi_c = \hat{A} \sin \varphi_a + \hat{B} \sin \varphi_b ,$$

$$\hat{C} \cos \varphi_c = \hat{A} \cos \varphi_a + \hat{B} \cos \varphi_b ,$$

aus denen sich φ_c durch Division der beiden Gleichungen zu

$$\frac{\hat{C} \sin \varphi_c}{\hat{C} \cos \varphi_c} = \tan \varphi_c ,$$

$$\varphi_c = \arctan \frac{\hat{A} \sin \varphi_a + \hat{B} \sin \varphi_b}{\hat{A} \cos \varphi_a + \hat{B} \cos \varphi_b}$$

ergibt und $\hat{C}^2$ durch Addition der Quadrate beider Gleichungen:

$$\hat{C}^2 \sin^2 \varphi_c + \hat{C}^2 \cos^2 \varphi_c = (\hat{A} \sin \varphi_a + \hat{B} \sin \varphi_b)^2 + (\hat{A} \cos \varphi_a + \hat{B} \cos \varphi_b)^2$$

$$\hat{C}^2 (\sin^2 \varphi_c + \cos^2 \varphi_c) = \hat{A}^2 + \hat{B}^2 + 2 \hat{A}\hat{B} \underbrace{(\cos \varphi_a \cos \varphi_b + \sin \varphi_a \sin \varphi_b)}_{\cos(\varphi_a - \varphi_b)}$$

$$\hat{C} = \sqrt{\hat{A}^2 + \hat{B}^2 + 2\,\hat{A}\hat{B}\,\cos(\varphi_a - \varphi_b)}\;.$$

Damit erhält man über die Summe

$$(a+b) = \hat{C}\,(\cos\varphi_c\,\sin\omega t + \sin\varphi_c\,\cos\omega t)$$

mit Hilfe der Additionstheoreme den einfachen Sinusausdruck:

$$(a+b) = \hat{C}\,\sin(\omega t + \varphi_c)\;.$$

Wie sich mit dem gleichen Rechnungsgang nachweisen läßt, ergibt auch die Summe von ν Sinusgrößen gleicher Frequenz,

$$\sum_{\nu}\hat{A}_\nu\,\sin(\omega t + \varphi_\nu) = \hat{C}\,\sin(\omega t + \varphi_c)\;, \tag{8}$$

eine Sinusgröße gleicher Frequenz mit der Amplitude

$$\hat{C} = \sqrt{\sum_{\nu}\hat{A}_\nu^2 + \sum_{\nu\neq\mu}\hat{A}_\nu\hat{A}_\mu\,\cos(\varphi_\nu - \varphi_\mu)} \tag{9a}$$

und dem Phasenwinkel

$$\varphi_c = \arctan\frac{\sum A_\nu\,\sin\varphi_\nu}{\sum A_\nu\,\cos\varphi_\nu}\;. \tag{9b}$$

Die Summe von Sinusgrößen gleicher Frequenz ist eine Sinusgröße derselben Frequenz, deren Amplitude $\hat{C}$ und Phasenlage φ_c durch die Gleichungen (9a) und (9b) direkt bestimmt werden können.

In den Maschen und Knoten elektrischer Netze müssen die Kirchhoffschen Sätze von den im gleichen Zeitpunkt auftretenden Augenblickswerten erfüllt sein. Für sinusförmige Wechselspannungen bzw. Wechselströme brauchen aber die sich aus den Maschen- bzw. Knotenpunktsätzen ergebenden Summen gleichfrequenter Sinusgrößen nicht durch Summieren der Augenblickswerte ermittelt zu werden. Vielmehr können die Amplitude $\hat{C}$ und der Phasenwinkel φ_C der resultierenden Sinusgröße direkt mit Hilfe der Gleichungen 9a und 9b aus den Amplituden und Phasenwinkeln der einzelnen Summanden errechnet werden.

Für sinusförmige Wechselspannungen bzw. Wechselströme können die aus den Kirchhoffschen Sätzen resultierenden Summen über die Gleichungen (9a) und (9b) direkt aus den Amplituden und Phasenwinkeln der einzelnen Spannungen bzw. Ströme berechnet werden.

Beispiele:

Für eine Reihenschaltung aus L und R, die vom Strom

$$i = \hat{I} \sin(\omega t + \varphi_i)$$

durchflossen wird, ergibt sich nach dem 2. Kirchhoffschen Satz ($\Sigma u = 0$)

$$u - L\frac{di}{dt} - iR = 0$$

der Spannungsabfall an dieser Reihenschaltung zu:

$$u = R\hat{I}\sin(\omega t + \varphi_i) + L\omega\hat{I}\cos(\omega t + \varphi_i) = \underset{(+\varphi_i)}{\hat{U}_R}\sin(\omega t + \underset{u_R}{\varphi}) + \underset{(+\varphi_i + \frac{\pi}{2})}{\hat{U}_L}\sin(\omega t + \underset{u_L}{\varphi}),$$

$$u = \hat{U}\sin(\omega t + \varphi_u).$$

$\hat{U}$ und φ_u errechnen sich entsprechend den Gleichungen (9a) und (9b) zu:

$$\hat{U} = \sqrt{\hat{U}_R^2 + \hat{U}_L^2 + 2\,\hat{U}_R\hat{U}_L \cos(\varphi_{u_R} - \varphi_{u_L})} = \hat{I}\sqrt{R^2 + (\omega L)^2}$$

$$\varphi_u = \arctan \frac{\hat{U}_R \sin \varphi_i + \hat{U}_L \left[\sin \varphi_i \cos \frac{\pi}{2} + \cos \varphi_i \sin \frac{\pi}{2}\right]}{\hat{U}_R \cos \varphi_i + \hat{U}_L \left[\cos \varphi_i \cos \frac{\pi}{2} - \sin \varphi_i \sin \frac{\pi}{2}\right]}$$

$$\varphi_u = \arctan \frac{\hat{U}_R \sin \varphi_i + \hat{U}_L \cos \varphi_i}{\hat{U}_R \cos \varphi_i - \hat{U}_L \sin \varphi_i} = \frac{R \sin \varphi_i + \omega L \cos \varphi_i}{R \cos \varphi_i - \omega L \sin \varphi_i}$$

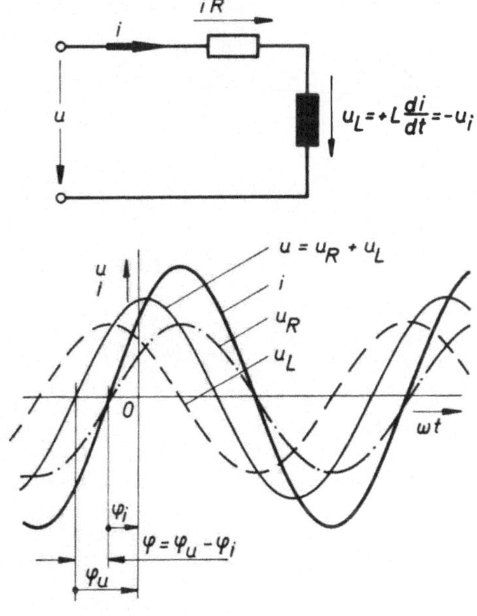

Allgemein interessiert nur der Phasenwinkel zwischen Spannung und Strom ($\varphi = \varphi_u - \varphi_i$), der am einfachsten ermittelt wird, wenn ein Koordinatensystem angenommen wird, in dem der Strom bei t = 0 durch Null geht. Dafür ist $\varphi_i = 0$ und $\varphi = \varphi_u$, d.h., der Phasenwinkel φ errechnet sich aus obiger Gleichung zu:

$$\varphi = \arctan \frac{\hat{U}_L}{\hat{U}_R} = \arctan \frac{\omega L}{R}.$$

Bild 10 Reihenschaltung aus L und R

An der Spannung

$$u = \hat{U} \sin(\omega t + \varphi_u)$$

liege die Parallelschaltung aus R und C, die von den Strömen

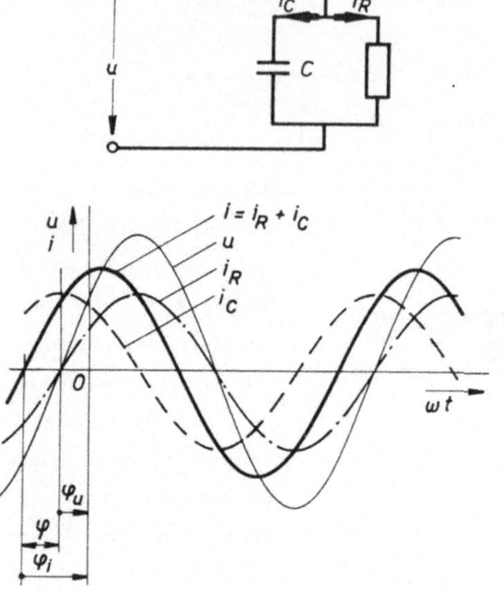

$$i_C = \omega C \hat{U} \sin\left(\omega t + \varphi_u + \frac{\pi}{2}\right),$$

$$i_R = \frac{\hat{U}}{R} \sin\left(\omega t + \varphi_u\right)$$

durchflossen wird. Mit Hilfe des 1. Kirchhoffschen Satzes $(\Sigma i = 0)$ ergibt sich der Strom $i = i_C + i_R$, der der Schaltung zufließt:

$$i = \omega C \hat{U} \sin\left(\omega t + \varphi_u + \frac{\pi}{2}\right) +$$

$$+ \frac{\hat{U}}{R} \sin\left(\omega t + \varphi_u\right),$$

$$i = \hat{I} \sin\left(\omega t + \varphi_i\right).$$

Bild 11 Parallelschaltung aus C und R

Entsprechend vorstehendem Beispiel erhält man

$$\hat{I} = \hat{U} \sqrt{\left[\frac{1}{R}\right]^2 + \left(\omega C\right)^2}$$

und

$$\varphi_i = \arctan \frac{\frac{1}{R}\hat{U}\sin\varphi_u + \omega C\hat{U}\left[\sin\frac{\pi}{2}\cos\varphi_u + \cos\frac{\pi}{2}\sin\varphi_u\right]}{\frac{1}{R}\hat{U}\cos\varphi_u + \omega C\hat{U}\left[\cos\frac{\pi}{2}\cos\varphi_u - \sin\frac{\pi}{2}\sin\varphi_u\right]}$$

$$\varphi_i = \arctan \frac{\frac{1}{R}\sin\varphi_u + \omega C\cos\varphi_u}{\frac{1}{R}\cos\varphi_u - \omega C\sin\varphi_u}$$

Der Phasenwinkel φ zwischen Spannung und Strom errechnet sich mit der Annahme $\varphi_u = 0$ aus $\varphi = -\varphi_i$ zu:

$$\varphi = -\arctan \frac{R}{1/\omega C}.$$

2.5. Das Produkt zweier Sinusgrößen und der Begriff der Leistung in Wechselstromkreisen

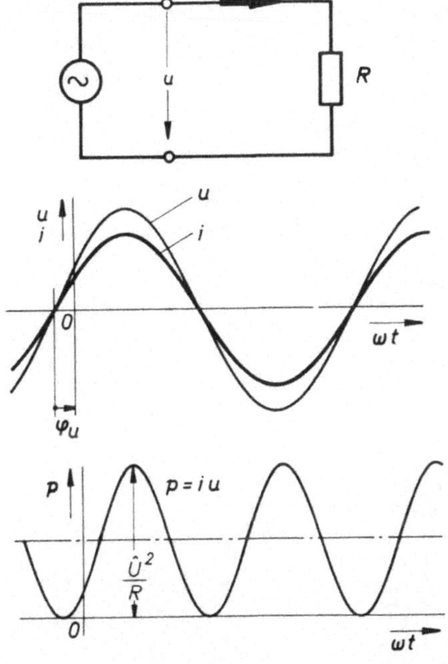

Bild 12 Augenblickswert der Wechselstromleistung im ohmschen Widerstand

Ein ohmscher Wider-
stand R liege an einer
Wechselspannung

$$u = \hat{U} \sin(\omega t + \varphi_u),$$

so daß der Strom

$$i = \frac{\hat{U}}{R} \sin(\omega t + \varphi_u)$$

fließt. Die elektrische
Leistung, die dem Wi-
derstand zufließt, beträgt:

$$p = iu = \frac{\hat{U}^2}{R} \sin(\omega t + \varphi_u)\sin(\omega t + \varphi_u)$$

$$p = \frac{\hat{U}^2}{R}\,\frac{1}{2}\left\{\cos\left[(\omega t + \varphi_u)-(\omega t + \varphi_u)\right]\right.$$

$$\left. - \cos 2(\omega t + \varphi_u)\right\}$$

$$p = \frac{\hat{U}^2}{R}\left[\frac{1}{2} - \frac{1}{2}\cos(2\omega t + 2\varphi_u)\right].$$

Die elektrische Leistung ist also auch zeitabhängig, und zwar pulsiert
ihr Augenblickswert, wie man erkennt, zeitlich sinusförmig mit der

doppelten Frequenz wie die von Strom bzw. Spannung, ohne allerdings negativ zu werden. Das bedeutet bei dem gewählten Verbraucherzähl- pfeilsystem, daß die Leistung p = ui zu jeder Zeit dem ohmschen Wider- stand zufließt und irreversibel in Wärme umgesetzt wird.

In einem Stromkreis aus ohmschen Widerständen wechselt die elektrische Leistung nicht ihr Vorzei- chen, d.h.sie fließt dauernd in gleicher Richtung.

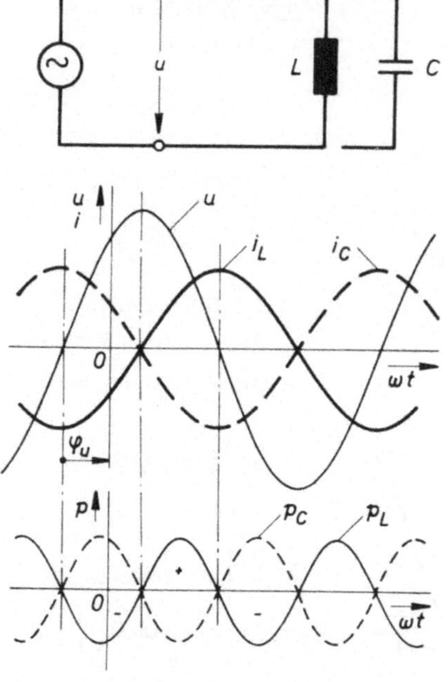

Bild 13 Augenblickswert der Wechselstromleistung in Induktivität
bzw. Kapazität

Eine Induktivität L oder eine Kapazität C liege an einer Wechselspannung

$$u = \hat{U} \sin(\omega t + \varphi_u),$$

so daß in L der Strom

$$i_L = \frac{\hat{U}}{\omega L} \sin\left(\omega t + \varphi_u - \frac{\pi}{2}\right)$$

oder in C der Strom

$$i_C = \hat{U}\omega C \sin\left(\omega t + \varphi_u + \frac{\pi}{2}\right)$$

fließt.

Die elektrische Leistung, die der Schaltung zufließt, ergibt sich aus p = iu für die Induktivität

$$P_L = \hat{U}^2 \left(\frac{1}{\omega L}\right) \sin(\omega t + \varphi_u) \sin\left(\omega t + \varphi_u - \frac{\pi}{2}\right)$$

und für die Kapazität

$$P_C = \hat{U}^2 \, (\omega C) \sin (\omega t + \varphi_u) \cdot \sin (\omega t + \varphi_u + \tfrac{\pi}{2}) \,.$$

Wird das Produkt in eine Summe umgewandelt,

$$P_{L(C)} = \frac{\hat{U}^2}{2} \, \frac{1}{\omega L} \left\{ \cos \left[(\omega t + \varphi_u) - (\omega t + \varphi_u - \tfrac{\pi}{2}) \right] - \cos \left[2(\omega t + \varphi_u) - \tfrac{\pi}{2} \right] \right\},$$

$$(\omega C) \qquad\qquad (+\tfrac{\pi}{2}) \qquad\qquad (+\tfrac{\pi}{2})$$

so erkennt man aus den Ausdrücken

$$P_L = -\frac{\hat{U}^2}{2\omega L} \cos \left[2(\omega t - \varphi_u) - \tfrac{\pi}{2} \right],$$

$$P_C = -\frac{\hat{U}^2}{2(1/\omega c)} \cos \left[2(\omega t - \varphi_u) + \tfrac{\pi}{2} \right],$$

daß die bei der Induktivität bzw. bei der Kapazität auftretende Leistung mit
doppelter Frequenz wie die der Spannung bzw. die des Stromes pulsiert,
aber im Gegensatz zu der Leistung bei einem ohmschen Widerstand
symmetrisch um die Nullinie. Sie wechselt also das Vorzeichen, d.h.,
die Leistung fließt während einer Halbperiode aus der Spannungsquelle
in die Schaltung, während der nächsten aber aus der Schaltung in die
Spannungsquelle. Bei gleicher Phasenlage der Spannung für die Induktivität und Kapazität (beide sind an die gleiche Spannungsquelle angeschlossen) sind die Phasenlagen der beiden Leistungen p_L und p_C um π
gegeneinander verschoben, d.h., während der jeweils gleichen Zeit-
räume einer Halbperiode fließt Leistung <u>in</u> die Induktivität, aber <u>aus</u>
der Kapazität bzw. umgekehrt. Dieses zeitlich entgegengesetzte Verhalten des Leistungsflusses bei Induktivität und Kapazität ist von außer-
ordentlicher Bedeutung und wird später noch ausführlicher betrachtet.

*In einem Wechselstromkreis mit reiner Induktivität
oder Kapazität ist der zeitliche Mittelwert der*

elektrischen Leistung gleich Null. Es wird also keine Energie "verbraucht", d.h. irreversibel um- gewandelt, sondern lediglich gespeichert und wieder abgegeben.
Man spricht von einer <u>*Blindleistung*</u>*.*

Energiespeicher ist bei der Induktivität das magnetische und bei der Ka- pazität das elektrische Feld. Es sei schon jetzt erwähnt, daß bei sol- chen Vorgängen die Wechselspannungsquelle in der Lage sein muß, die vom Speicher abgegebene Energie auch wieder aufzunehmen.

2.6. <u>Die Wechselstromleistung allgemein</u>

An einem beliebigen Verbraucher (Zweipol) liegt die Wechselspannung

$$u = \hat{U} \sin(\omega t + \varphi_u),$$

so daß der Strom

$$i = \hat{I} \sin(\omega t + \varphi_i)$$

fließt. Die elektrische Leistung $p = ui$ beträgt

$$p = \hat{U}\hat{I} \sin(\omega t + \varphi_u) \sin(\omega t + \varphi_i)$$

und läßt sich nach Umformen in einer Summe

$$p = \hat{U}\hat{I}\frac{1}{2}\left\{\cos\left[(\omega t + \varphi_u) - (\omega t + \varphi_i)\right] - \cos\left[(\omega t + \varphi_u) + (\omega t + \varphi_i)\right]\right\}$$

$$p = \frac{\hat{U}\hat{I}}{2}\left[\cos(\varphi_u - \varphi_i) - \cos(2\omega t + \varphi_u + \varphi_i)\right]$$

mit

$$\cos(2\omega t + \varphi_u + \varphi_i) = \cos\left[2(\omega t + \varphi_u) + (\varphi_i - \varphi_u)\right] = \cos 2(\omega t + \varphi_u) \cdot \cos(\varphi_i - \varphi_u) -$$

$$- \sin 2(\omega t + \varphi_u) \cdot \sin(\varphi_i - \varphi_u)$$

wie folgt schreiben:

$$p = \frac{\hat{U}\hat{I}}{2}\left[\cos(\varphi_u - \varphi_i) - \underbrace{\cos 2(\omega t + \varphi_u)}\,\underbrace{\cos(\varphi_i - \varphi_u)}_{+\cos(\varphi_u - \varphi_i)} + \cos 2(\omega t + \varphi_u)\,\underbrace{\sin(\varphi_i - \varphi_u)}_{-\sin(\varphi_u - \varphi_i)}\right]$$

$$p = \frac{\hat{U}\hat{I}}{2}\left\{\cos(\varphi_u - \varphi_i)\left[1 - \cos 2(\omega t + \varphi_u)\right] - \sin(\varphi_u - \varphi_i)\cdot\sin 2(\omega t + \varphi_u)\right\}. \quad (10)$$

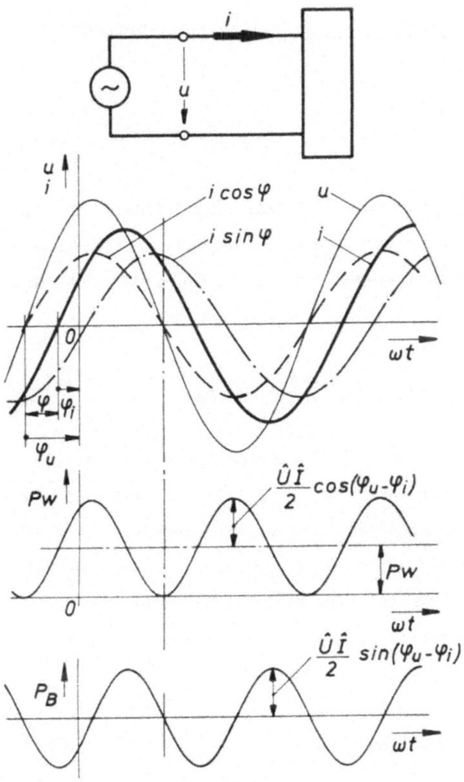

Bild 14 Augenblickswert der Wirk- und
        Blindleistung im Wechselstromkreis

Der dem Produkt der Augenblickswerte ui entsprechenden Augenblicksleistung p = ui = = $p_W + p_B$ kann für jeden Augenblick eine eindeutige Richtung des Energieflusses zugeordnet werden. Hinsichtlich des physikalischen Charakters - reversible und irreversible Energieumwandlung - läßt sich die Leistung, wie aus Bild 14 und Gleichung 10 zu ersehen, als Summe zweier Komponenten auffassen:

1. Leistungskomponente, die mit 2ω pulsiert, dabei aber ihr Vorzeichen nicht wechselt. Die durch sie beschriebene Leistung fließt also in einer Richtung und kann somit als dauernde Energieentnahme bzw. -aufnahme, d.h. als eine irreversible Leistungsumwandlung, gedeutet werden. Sie wird bezeichnet als Wirkleistung:

$$\left| \quad p_W = \frac{\hat{U}\hat{I}}{2} \cos(\varphi_u - \varphi_i)\left[1 - \cos 2(\omega t + \varphi_u)\right].\right. \tag{11}$$

Der zeitlich konstante <u>Mittelwert der Wirkleistung</u> beträgt
mit $\varphi = \varphi_u - \varphi_i$:

$$\left| \quad P_W = \frac{1}{T}\int_t^{t+T} p_W \, dt = \frac{\hat{U}\hat{I}}{2}\cos\varphi.\right. \tag{11a}$$

Wie aus der Gleichung zu ersehen ist, kann die Wirkleistung auch
als Produkt aus Spannung - oder Strom - und der mit dieser in
Phase liegenden Stromkomponente - oder Spannungskomponente -
gedeutet werden:

$$P_W = \frac{1}{2}\hat{U}(\hat{I}\cos\varphi) \qquad \text{oder} \qquad P_W = \frac{1}{2}\hat{I}(\hat{U}\cos\varphi).$$

2. Leistungskomponente, die mit 2ω um die Nullinie pendelt, d.h.
ihr Vorzeichen periodisch wechselt. Das bedeutet, daß sich auch
die Richtung des Leistungsflusses periodisch umkehrt. Es wird
in dem Verbraucher lediglich Energie gespeichert, die dann wieder abgegeben wird. Im Mittel wird dem Verbraucher von dieser
Leistungskomponente keine Energie zugeführt. Man spricht von
einer <u>Blindleistung</u>:

$$\left| \quad p_B = -\frac{\hat{U}\hat{I}}{2}\sin(\varphi_u - \varphi_i)\sin 2(\omega t + \varphi_u).\right. \tag{12}$$

Der zeitliche Mittelwert dieser Leistung ist Null:

$$p_{Bmit} = \frac{1}{T}\int_t^{t+T} p_B \, dt = 0.$$

Diese Blindleistung belastet also, was die langzeitige mittlere
Energieumformung betrifft, einen Stromerzeuger nicht. Der ihr
entsprechende Strom fließt aber in dem Stromkreis, da er der

Energieträger für die Umspeichervorgänge ist. Die Leitungen und Widerstände werden also durch diesen Strom thermisch belastet. Um den Zusammenhang zwischen den Umspeichervorgängen und den sich daraus ergebenden strommäßigen Belastungen der Leitungen leicht überschauen zu können, hat man analog der Wirkleistung auch einen fiktiven "Mittelwert" der Blindleistung

$$P_B = \frac{\hat{U}\hat{I}}{2} \sin\varphi \qquad\qquad (12a)$$

definiert ($\varphi = \varphi_u - \varphi_i$), der aber eine reine <u>Rechengröße</u> darstellt. Analog zur Wirkleistung kann diese Blindleistung auch als Produkt aus Spannung - oder Strom - und dem gegenüber dieser um $\pi/2$ phasenverschobenen Stromkomponente - oder Spannungskomponente - gedeutet werden:

$$P_B = \frac{1}{2}\hat{U}(\hat{I}\sin\varphi) \qquad \text{oder} \qquad P_B = \frac{1}{2}\hat{I}(\hat{U}\sin\varphi).$$

Entsprechend dem unterschiedlichen Verhalten von Induktivität und Kapazität muß auch von induktiver oder kapazitiver Blindleistung gesprochen werden.

Die beiden Stromkomponenten $\hat{I}\cdot\sin\varphi$ und $\hat{I}\cdot\cos\varphi$ stehen über die Beziehung

$$\hat{I}^2 = (\hat{I}\cos\varphi)^2 + (\hat{I}\sin\varphi)^2$$

mit dem tatsächlich fließenden Strom $\hat{I}$ im Zusammenhang. Analog dem Begriff der Blindleistung hat man auch einen dem tatsächlich fließenden Strom entsprechenden fiktiven "Mittelwert" der allgemeinen Wechselstromleistung definiert, der als <u>Scheinleistung</u>

$$P_S = \frac{\hat{U}\hat{I}}{2} \qquad\qquad (13)$$

bezeichnet wird und ebenfalls eine reine Rechengröße darstellt. Setzt man für $\hat{I}$ die Summe der Komponenten ein,

$$P_S = \sqrt{\left[\frac{\hat{U}}{2}\right]^2 (\hat{I}\cos\varphi)^2 + \left[\frac{\hat{U}}{2}\right]^2 (\hat{I}\sin\varphi)^2} \; ,$$

so ergibt sich die Scheinleistung:

$$P_S = \sqrt{P_W^2 + P_B^2} \; . \tag{13a}$$

Die verschiedenen Leistungsbegriffe sind nochmals in Bild 15 schematisch dargestellt. Ein verlustloser Wechselspannungsgenerator werde durch einen Motor mechanisch angetrieben und durch einen Verbraucher belastet, der sich aus ohmschen Widerständen, Kapazitäten bzw. Induktivitäten zusammensetzt. In dem aus Generator und Verbraucher bestehenden elektrischen Kreis sind physikalisch real nur die Augenblickswerte des Stromes $i = \hat{I}\sin(\omega t + \varphi_i)$, der Spannung $u = \hat{U}\sin(\omega t + \varphi_u)$ und der Leistung $p = ui$. Diese Augenblickswerte könnten z.B. mit einem Oszillographen gemessen werden. Die in der Augenblicksleistung enthaltene Wirkkomponente p_W fließt vom Motor in mechanischer Form über die Welle zum Generator und von diesem in elektrischer Form über die Leitung zum Verbraucher. Die Blindleistungskomponente p_B pendelt dagegen in elektrischer Form lediglich auf der Leitung als Folge der Umspeichervorgänge zwischen Generator und Verbraucher, ohne den Motor in Form von mechanischer Leistung zu belasten. Die Antriebswelle wird also nur durch die Wirkleistung belastet, die Leitung dagegen durch Wirk- und Blindleistung, also durch die Scheinleistung. Träger der Leistung sind die fließenden Ladungsträger, so daß die Leitung durch den der Scheinleistung entsprechenden tatsächlich fließenden Strom I belastet wird.

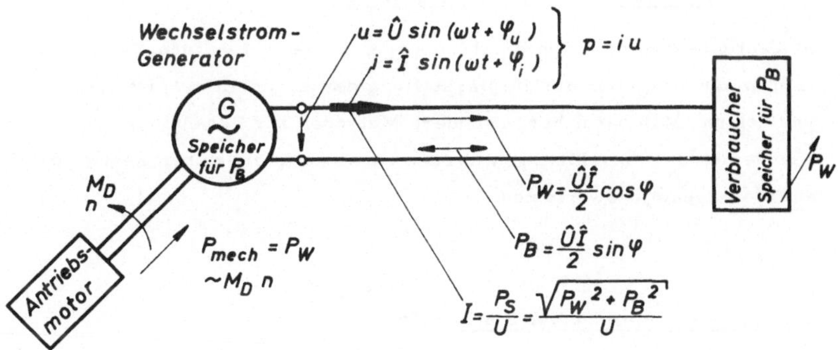

Bild 15 Schematische Darstellung des Leistungsflusses

3. Spezielle Verfahren zur Behandlung von sinusförmigen Wechselströmen

Eine Sinusgröße ist, wie gezeigt, eindeutig bestimmt durch die Angabe
von

<u>Amplitude</u>   <u>Frequenz</u>   <u>Phasenlage</u>.

Die meisten praktisch interessierenden Berechnungen elektrischer
Stromkreise für Wechselstrom beziehen sich auf Spannungen und Ströme
gleicher Frequenz, da entweder nur Größen einer Frequenz auftreten
oder nichtsinusförmige Vorgänge als Summe reiner Sinusvorgänge behandelt werden. In diese Rechnungen führt man nun nicht die Augenblickswerte ein - was sehr aufwendig wäre -, sondern es werden mit
Hilfe vorstehend angegebener Rechenregeln Amplituden und Phasenwinkel der zu berechnenden Größen aus denen der vorgegebenen bestimmt.

<u>Sinusgrößen gleicher Frequenz</u> können also bereits durch die zwei Angaben

<u>Amplitude</u>   und   <u>Phasenlage</u>

eindeutig bestimmt und in die Rechnungen eingeführt werden, d. h., man
kann in diesen Fällen auf die Darstellung der Augenblickswerte ganz
verzichten. Man hat daher besondere Methoden zur Behandlung von
Problemen mit sinusförmigen Größen entwickelt, die keinen Bezug mehr
auf die Augenblickswerte nehmen.

3. 1. <u>Zeigerdarstellung von Sinusgrößen</u>

Eine im <u>Zeitdiagramm</u> aufgetragene Sinusgröße läßt sich entsprechend
Bild 16 als Projektion eines rotierenden <u>Zeigers</u> auf eine stillstehende
Bezugsachse deuten.

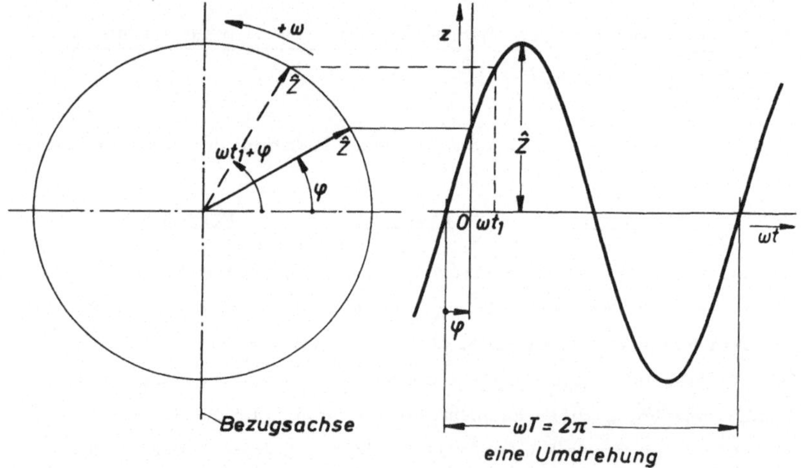

Bild 16 Zeigerdarstellung einer Sinusschwingung

*Eine Sinusgröße läßt sich durch einen rotierenden
Zeiger beschreiben, dessen Länge gleich der Amplitude*

und dessen Winkelgeschwindigkeit ω gleich der Kreis-
frequenz $\omega = 2\pi f$ der Sinusgröße ist. Die Projek-
tion dieses Zeigers auf eine ruhende Bezugsachse be-
schreibt die Augenblickswerte der Sinusgröße.

Aus der Betrachtung zweier Zeiger $\hat{Z}_1$ und $\hat{Z}_2$, die zu einem beliebigen
Zeitpunkt t mit der Nullachse des gewählten Koordinatensystems ($\alpha = 0$)
die Winkel

$$\alpha_1 = \omega t + \varphi_1 \quad , \quad \alpha_2 = \omega t + \varphi_2$$

einschließen, folgt, daß die Winkeldifferenz

$$\alpha_2 - \alpha_1 = \varphi_2 - \varphi_1$$

zu jedem Zeitpunkt gleich ist.

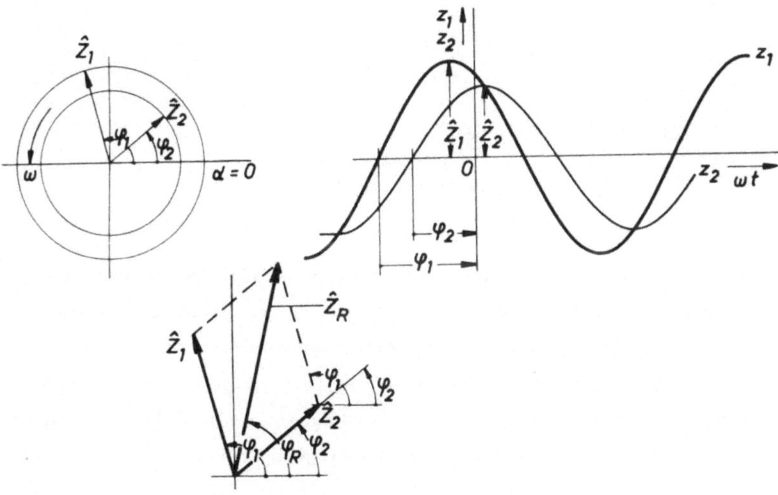

Bild 17 Addition zweier Sinusschwingungen

1.) Addiert man die beiden Zeiger $\hat{Z}_1$ und $\hat{Z}_2$ <u>geometrisch</u>, so ergibt sich ein resultierender Zeiger mit dem Betrag

$$\hat{Z}_R = \sqrt{\hat{Z}_1^2 + \hat{Z}_2^2 - 2\,\hat{Z}_1\hat{Z}_2 \cos\left[\pi - (\varphi_1 - \varphi_2)\right]}$$

$$= \sqrt{\hat{Z}_1^2 + \hat{Z}_2^2 + 2\,\hat{Z}_1\hat{Z}_2 \cos(\varphi_1 - \varphi_2)}$$

und dem Phasenwinkel

$$\varphi_R = \arctan \frac{\hat{Z}_1 \sin\varphi_1 + \hat{Z}_2 \sin\varphi_2}{\hat{Z}_1 \cos\varphi_1 + \hat{Z}_2 \cos\varphi_2} \ .$$

2.) Addiert man die den beiden Zeigern entsprechenden <u>Sinusgrößen</u> im <u>Zeitdiagramm</u>, so erhält man, wie in 2.4 gezeigt, eine resultierende Sinusgröße gleicher Frequenz mit der Amplitude

$$\hat{Z}_R = \sqrt{\hat{Z}_1^2 + \hat{Z}_2^2 + 2\,\hat{Z}_1\hat{Z}_2 \cos(\varphi_1 - \varphi_2)}$$

und dem Phasenwinkel

$$\varphi_R = \arctan \frac{\hat{Z}_1 \sin\varphi_1 + \hat{Z}_2 \sin\varphi_2}{\hat{Z}_1 \cos\varphi_1 + \hat{Z}_2 \cos\varphi_2} \ .$$

Man erkennt, daß beide Methoden zu gleichen Ausdrücken führen, d.h., man kann Sinusschwingungen auch mit Hilfe der sie symbolisierenden Zeiger summieren, indem man die Zeiger geometrisch addiert bzw. subtrahiert. Es können also mit Hilfe von Zeigern die Spannungs- und Stromgleichungen in sogenannten Zeigerdiagrammen besonders anschaulich in Größe und Phasenlage graphisch dargestellt werden.

Bei der Anwendung der Zeigerdarstellung hat man folgende Definitionen zu beachten:

Zeiger symbolisieren Sinusgrößen. Sie sind bestimmt durch ihre <u>Phasenlage</u> φ zum gewählten Bezugssystem,

die gleich ist der Phasenlage der Sinusgröße im Zeit-
diagramm, und ihre Länge (Betrag), die dem Effektiv-
wert der Sinusgröße entspricht.

Man hat also als Länge des Zeigers, die ja den Betrag der Größe darstellt, statt des Scheitelwertes den Effektivwert gewählt, da dieser für
praktische Rechnungen - vor allem im Zusammenhang mit Leistungs-
betrachtungen - weitaus häufiger benötigt wird als der Scheitelwert.

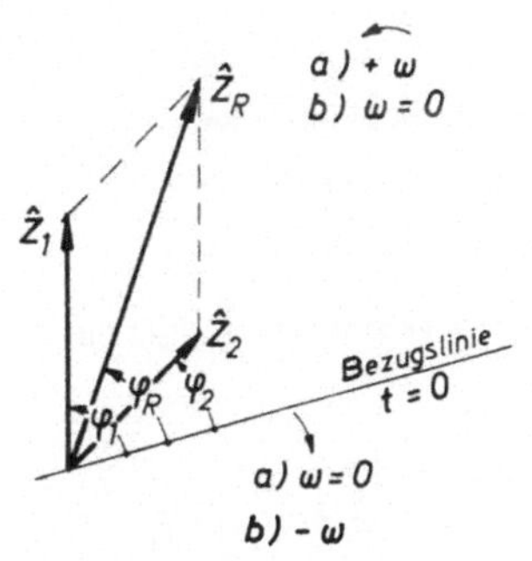

$$z_1 = \hat{Z}_1 \cos(\omega t + \varphi_1)$$
$$z_2 = \hat{Z}_2 \cos(\omega t + \varphi_2)$$
$$z_R = \hat{Z}_R \cos(\omega t + \varphi_R)$$

Bild 18 Augenblickswerte von Sinusschwingungen als Projektion
auf eine Bezugsachse

Die Augenblickswerte erhält man
dann aus diesen Zeigern, indem sie
mit $\sqrt{2}$ multipliziert auf eine Be-
zugslinie projiziert werden und man
annimmt, daß

a) die Zeiger bei feststehender Be-
zugslinie mit ω entgegen dem
Uhrzeiger rotieren oder

b) die Zeiger feststehen und die Bezugsachse mit ω in Richtung des
Uhrzeigers rotiert.

Die Addition und Subtraktion von Sinusgrößen läßt
sich graphisch mit Hilfe der die Sinusschwingungen
symbolisierenden Zeiger vornehmen, indem man diese
Zeiger geometrisch addiert bzw. subtrahiert.

Als Größensymbol für Zeiger werden nach DIN 1344 deutsche Buchstaben verwendet (auch lateinische, die unterstrichen bzw. durch einen
angehängten Winkel gekennzeichnet werden):

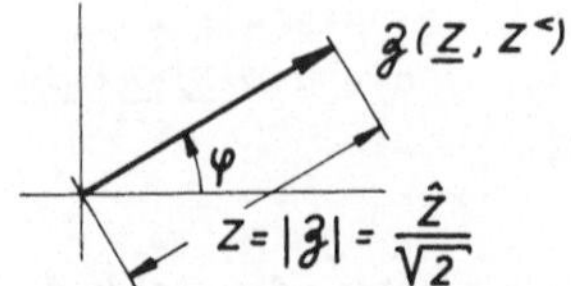

Je nachdem, welche Achse als Bezugsachse gewählt wird, gilt für den Augenblickswert

$$z = \sqrt{2}\, Z \sin(\omega t + \varphi)$$

beziehungsweise

$$z = \sqrt{2}\, Z \cos(\omega t + \varphi)$$

3.1.1. Konstruktion von Zeigerdiagrammen

Da Zeiger physikalische Größen symbolisieren, müssen neben den im
folgenden angegebenen Vorschriften natürlich auch die Rechenregeln für
physikalische Größen beachtet werden (siehe Grundlagen I, 1.1).

Die Addition bzw. Subtraktion von Zeigern muß geometrisch durchgeführt werden:

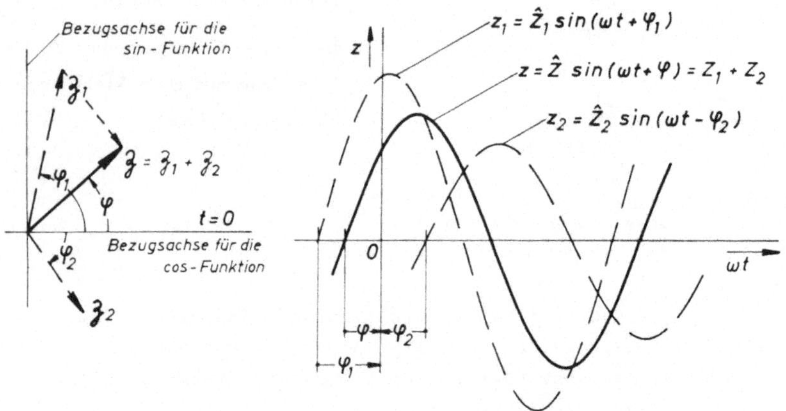

Bild 19 Addition von Sinusgrößen im Zeiger- und Zeitdiagramm

Die Multiplikation bzw. Division eines Zeigers mit einem Faktor ergibt
wiederum einen Zeiger, dessen Länge (Betrag) sich entsprechend der

algebraischen Rechenoperation geändert hat, dessen Phasenlage aber gleich ist der des Ausgangszeigers.

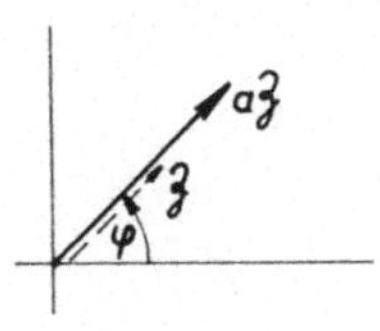

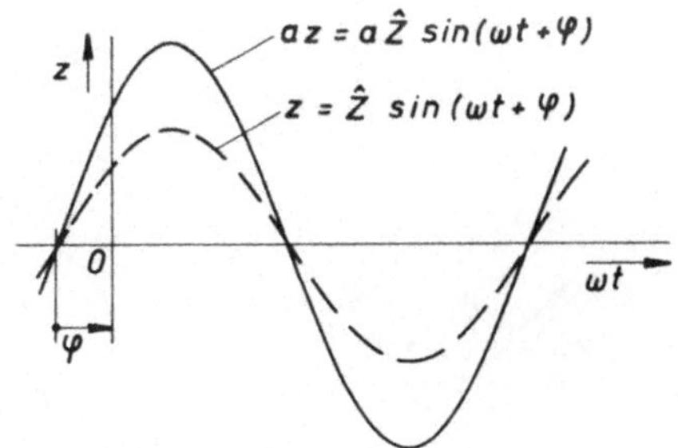

Bild 20 Multiplikation einer Sinusgröße mit einem algebraischen
Faktor

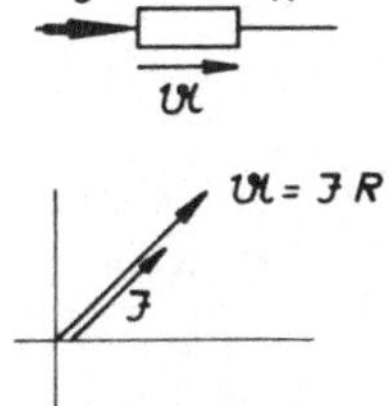

Bild 21 Strom und Spannung beim ohmschen Widerstand

Beispiel:

Der Spannungsabfall $\mathfrak{U}$, den ein Strom $\mathfrak{J}$ an einem ohmschen Widerstand R hervorruft, ergibt sich durch Multiplikation mit R:

$$\mathfrak{U} = \mathfrak{J}\,R\,.$$

*Bei einem ohmschen Widerstand lie-
gen die Zeiger von Strom und Spannungsabfall in Phase.*

<u>Die Differentiation eines Zeigers nach der Zeit</u> ergibt einen neuen um
$\pi/2$ in positiver Richtung phasenverschobenen Zeiger, dessen Betrag um

den Faktor ω gegenüber dem des Ausgangszeigers verändert ist.

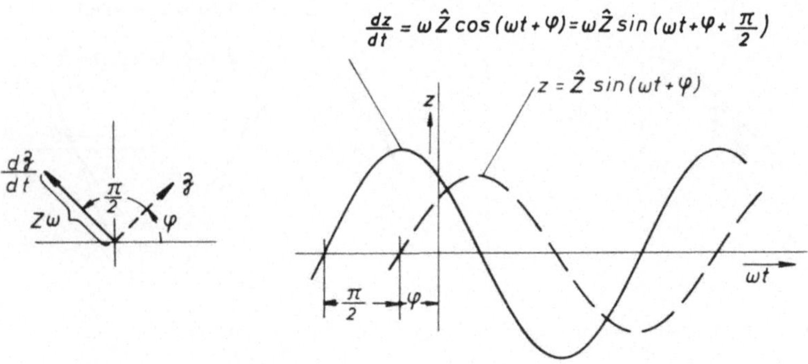

$$\frac{dz}{dt} = \omega\,\hat{Z}\cos(\omega t + \varphi) = \omega\,\hat{Z}\sin\left(\omega t + \varphi + \frac{\pi}{2}\right)$$

Bild 22 Differentiation einer Sinusgröße nach der Zeit

Beispiel:

Man erhält den Spannungsabfall $\mathfrak{U}_L$
(gleich der negativen Selbstinduk-
tionsspannung $\mathfrak{U}_i = -\mathfrak{U}_L$), den der
Strom $\mathfrak{J}$ an einer Induktivität bewirkt, durch Differentiation des
Stromes wie folgt:

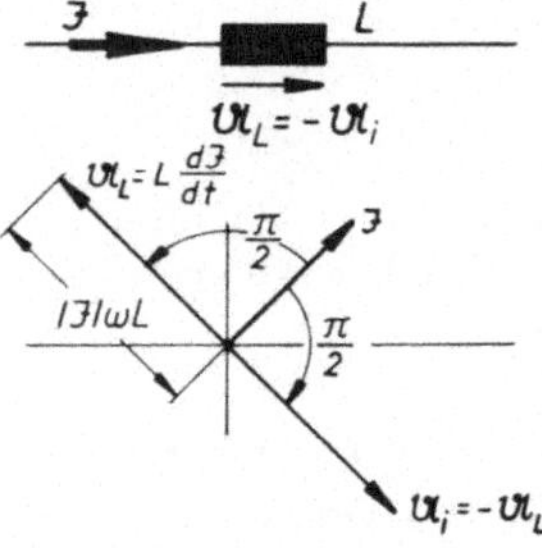

$$u_L = -u_i = L\frac{di}{dt}\ ,$$

$$|\mathfrak{U}_L| = |\mathfrak{U}_i| = L\omega|\mathfrak{J}|\ .$$

Bild 23 Strom und Spannung bei
einer Induktivität

*An einer Induktivität ist im Verbraucherzählpfeil-
system der Zeiger des Spannungsabfalls um $\pi/2$ positiv
und der der Selbstinduktionsspannung um $\pi/2$ negativ
gegenüber dem Stromzeiger phasenverschoben.*

<u>Die Integration eines Zeigers über die Zeit</u> ergibt einen neuen, um $\pi/2$ <u>in negativer Richtung</u> phasenverschobenen Zeiger, dessen Betrag gleich ist dem des Ausgangszeigers, dividiert durch ω.

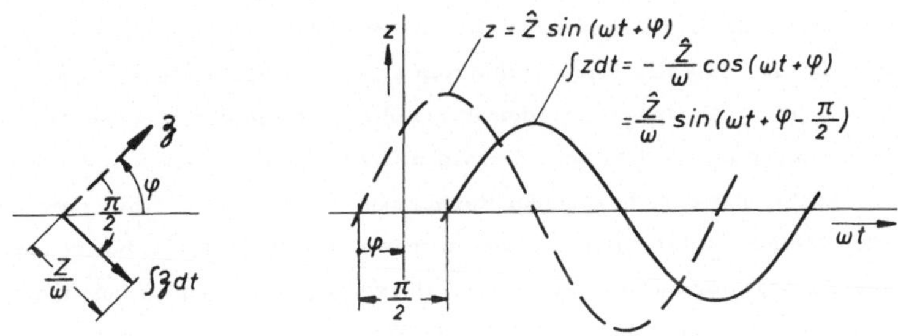

Bild 24 Integration einer Sinusgröße über die Zeit

Die Integrationskonstante wird gleich Null gesetzt, da stationäre sinusförmige Wechselvorgänge betrachtet werden.

Beispiel:

Die Spannung $\mathfrak{U}$ an einer Kapazität ergibt sich durch Integration des Stromes wie folgt:

$$u_C = \frac{1}{C}\int i\,dt,$$

$$|\mathfrak{U}_C| = \frac{1}{C}\,\frac{|\mathfrak{I}|}{\omega}.$$

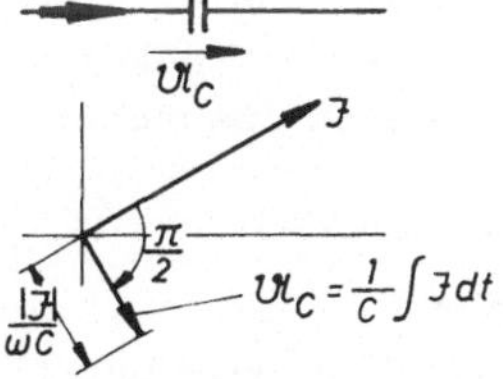

Bild 25 Strom und Spannung bei einer
        Kapazität

An einer Kapazität ist im Verbraucherzählpfeilsystem der Spannungszeiger um $\pi/2$ negativ gegenüber dem Stromzeiger phasenverschoben.

3.1.2. Methoden zur Berechnung elektrischer Netzwerke bei Wechselstrom mit Hilfe der Zeigerdarstellung

Wechselstromkreise können nach den gleichen Methoden behandelt werden, wie sie in Grundlagen I für Gleichstromkreise angegeben sind, mit der Maßgabe, daß alle für Gleichstrom und Gleichspannung gültigen Gesetze zu jedem Zeitpunkt von den Augenblickswerten der Wechselgrößen erfüllt sein müssen. Bei sinusförmigen Größen lassen sich nun diese auf die Augenblickswerte bezogenen Rechnungen relativ einfach mit vorstehenden Methoden durchführen, indem man mit Hilfe der symbolischen Zeigerdarstellung nur Amplitude und Phasenlage der Größen betrachtet. Während bei Gleichstromproblemen die Zahl der zu bestimmenden Ströme und Spannungen auch gleich ist der Zahl der Unbekannten des zu lösenden Problems, ergeben sich aber bei sinusförmigen Wechselstromproblemen doppelt soviel Unbekannte wie zu berechnende Ströme und Spannungen, da jeder zu bestimmenden Größe zwei Unbekannte entsprechen, nämlich Amplitude und Phasenlage.

Netzwerke mit sinusförmigen Wechselströmen können mit Hilfe der Zeigerdarstellung berechnet werden, indem man die Strom- und Spannungsgrößen durch Zeiger symbolisiert und nach den für Gleichstrom geltenden Gesetzen unter Anwendung der für Zeiger maßgebenden Konstruktionsregeln behandelt.

Beispiel:

Für die Reihenschaltung in Bild 26 muß der Spannungssatz von den Augenblickswerten als Differentialgleichung erfüllt werden

$$\Sigma\, u = 0,$$

$$- u + iR + \frac{1}{C} \int i\, dt + L \frac{di}{dt} = 0$$

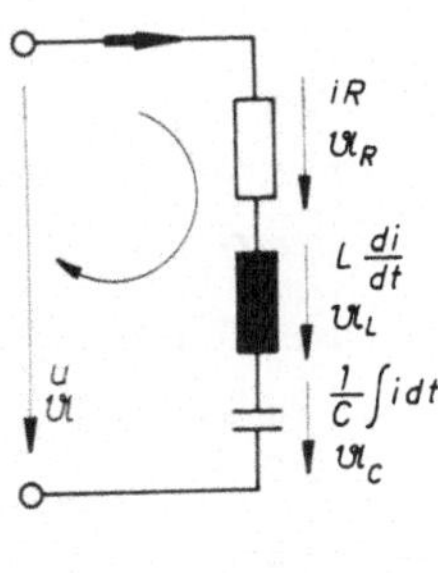

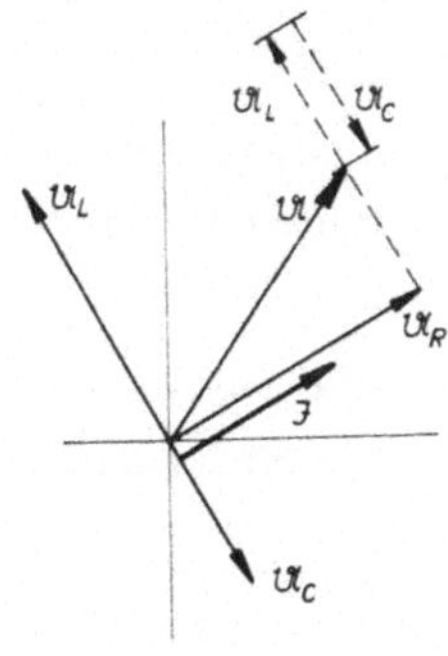

und in der Zeigerdarstellung von der geometrischen Summe der Zeiger

$$-\mathfrak{U} + \mathfrak{U}_R + \mathfrak{U}_C + \mathfrak{U}_L = 0,$$

$$\mathfrak{U} = \mathfrak{U}_R + \mathfrak{U}_C + \mathfrak{U}_L \; ,$$

die, wie nebenstehende Skizze zeigt, graphisch dargestellt werden kann.

Bild 26 Reihenschaltung von Wechselstromwieder-
ständen

Bei der Betrachtung elektrischer Netzwerke für Wechselstrom geht man zweckmäßig nach folgender Arbeitsanleitung vor:

1.) Einzeichnen der Richtungspfeile für Strom und Spannung in das gegebene Schaltbild

    a. Zählrichtung der Eingangsspannung und des Eingangsstromes bestimmen das Zählpfeilsystem genau wie bei Gleichspannung (siehe Band I, 3.2).

    b. An den einzelnen Schaltelementen werden die Zählpfeile von Strom und Spannungsabfall in gleicher Richtung, also im Sinne des Verbraucherzählpfeilsystems angetragen. Dann gelten zwischen Spannungs- und Stromzeiger an L, C und R die in 3. 1. 1 angegebenen Zuordnungen.

2.) Aufstellen der Maschen- bzw. Knotenpunkt-Gleichungen

$$\Sigma \,\mathfrak{U} = 0, \quad \Sigma \,\mathfrak{J} = 0 \,.$$

3.) a. Festlegung der Maßstäbe A/cm bzw. V/cm für die maßstab-
gerechte Zeichnung der Strom- und Spannungszeiger.

b. Wahl des Bezugsystems zweckmäßig so, daß die mehreren
Schaltelementen gemeinsame Größe in der Nullachse liegt,
d. h., im allgemeinen wird bei
Reihenschaltungen $\mathfrak{J}$ in der Nullachse und bei
Parallelschaltungen $\mathfrak{U}$ in der Nullachse liegend angenommen.

4.) Geometrische Addition, Subtraktion, Differentiation und Integration der Zeiger werden nach den entsprechend 2.) aufgestellten
Gleichungen graphisch durchgeführt.

Ist das vollständige Zeigerdiagramm konstruiert, so können daraus die
Strom- und Spannungsgrößen der Schaltung übersichtlich nach Betrag
und Phase abgelesen werden.

Die frühere Festlegung (siehe 2. 2) der Vorzeichenbedeutung des Winkels
φ zwischen Spannung und Strom ($\varphi = \varphi_u - \varphi_i$ positiv bei nacheilendem und
negativ bei voreilendem Strom) gilt auch hier und führt zu folgender
Regel:

*Bei Zeigern wird der Winkel φ zwischen Strom und
Spannung vom <u>Stromzeiger ausgehend</u> entgegen dem
Uhrzeiger positiv gezählt. Dann bedeutet $+\varphi$ im Ver-
braucherzählpfeilsystem einen nacheilenden induktiven
Strom und $-\varphi$ einen voreilenden kapazitiven.*

Abschließend sei erwähnt, daß die genaue quantitative Berechnung mit
Hilfe der Zeigerdiagramme in vielen Fällen sehr mühsam ist. Zweckmäßig werden daher die Aufgaben so gelöst, daß man sich mit Hilfe der

Zeigerdiagramme lediglich den qualitativen Überblick und den physikalischen Einblick verschafft, die quantitativen Ergebnisse aber mit Hilfe
der in 3.2 beschriebenen komplexen Rechnung ermittelt.

3.1.3. <u>Berechnung der Leistung aus den Zeigern</u>

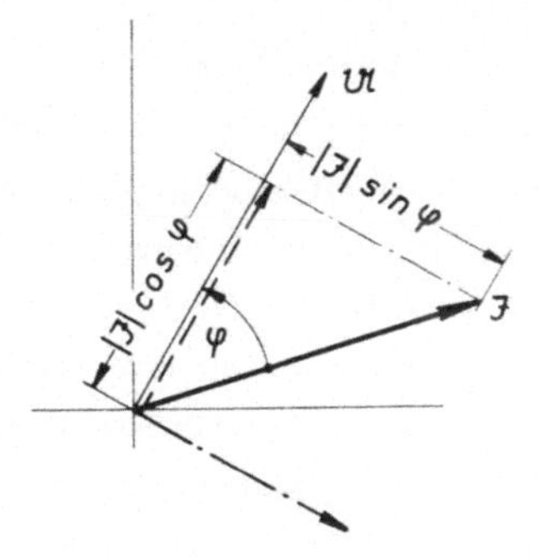

Zur Berechnung der in 2.6 näher erläuterten Leistungskomponenten wird der um den Winkel φ gegenüber dem Spannungszeiger $\mathfrak{U}$ verschobene Stromzeiger $\mathfrak{J}$ in zwei Komponenten zerlegt, von denen eine in Phase mit der Spannung liegt und die andere um $\pi/2$ phasenverschoben ist.

Da die Beträge der Zeiger den Effektivwerten der durch sie dargestellten Wechselgrößen entsprechen, ergibt sich die Wirkleistung als Produkt aus den Beträgen von Spannung $|\mathfrak{U}|$ und der mit dieser in Phase liegenden Stromkomponente $|\mathfrak{J}|\cos \varphi$ (Wirkkomponente), und

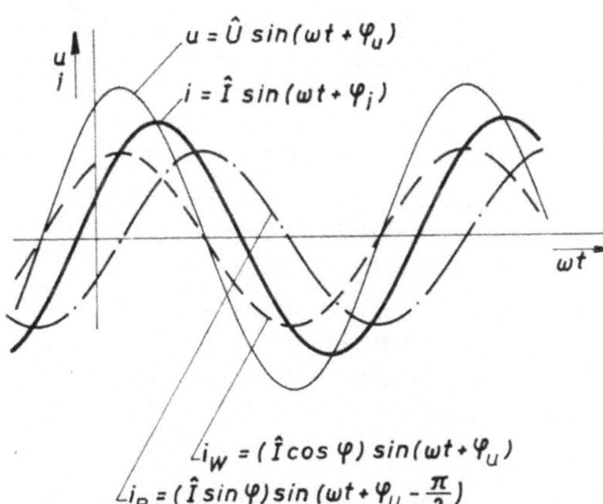

Bild 27 Wirk- und Blindkomponenten des
Stromzeigers

die Blindleistung aus Spannung und der gegenüber dieser um $\pi/2$ phasenverschobenen Stromkomponente $\Im \sin \varphi$ (Blindkomponente):

$$\text{Wirkleistung} \quad : \quad P_W = |\mathfrak{U}||\Im| \cos \varphi$$

$$\text{Blindleistung} \quad : \quad P_B = |\mathfrak{U}||\Im| \sin \varphi$$

$$\text{Scheinleistung} \quad : \quad P_S = \sqrt{P_W^2 + P_B^2} = |\mathfrak{U}||\Im| \, .$$

Bei den vorstehenden Betrachtungen wurden bisher stillschweigend "Verbraucher" angenommen, bei denen im Verbraucherzählpfeilsystem die
Wirkkomponente des Stromes in Phase mit der Spannung liegt ($-\pi/2 < \varphi <$
$+\pi/2$). Bei Stromerzeugern wird dann die Wirkkomponente nicht mehr in
Phase, sondern in Gegenphase, also um π phasenverschoben, zur Spannung liegen ($+\pi/2 < \varphi < -\pi/2$). Das bedeutet, daß die Wirkleistung $P_W =$
$= U \cdot I \cos \varphi$ negativ ist, was im Verbraucherzählpfeilsystem als eine abgegebene Leistung gedeutet werden muß. Analog dazu läßt sich aus der
Phasenverschiebung φ und damit aus dem Vorzeichen der Blindleistung
auch auf die Richtung des fiktiven mittleren Blindleistungsflusses
schließen oder, physikalisch richtiger formuliert, auf den Charakter des
Energiespeichers (Induktivität oder Kapazität).

*Im Zusammenhang mit dem Zählpfeilsystem geben die
Vorzeichen der Leistungskomponenten - also die Produkte UIcosφ bzw. UIsinφ - Auskunft über die Richtung des Energieflusses. Aus der Phasenlage des Stromzeigers gegenüber dem Spannungszeiger kann daher eindeutig auf den physikalischen Charakter - ohmscher
Widerstand, Spannungsquelle, Induktivität oder Kapazität -
des Zweipoles geschlossen werden.*

Für die praktische Berechnung von Wechselstromschaltungen prägt man
sich zweckmäßig das folgende Schema ein, in welchem jedem der vier
Quadranten ein bestimmter physikalischer Charakter des betrachteten
Zweipoles zugeordnet ist. Zu beachten ist die Doppeldeutigkeit der

Blindleistung, d.h.:

*Eine in den Zweipol hineinfließende induktive – bzw.
kapazitive – Blindleistung ist gleich einer aus dem
Zweipol herausfließenden kapazitiven – bzw. induktiven –
Blindleistung.*

<u>Für das Verbraucherzählpfeilsystem (VZS) gilt:</u>

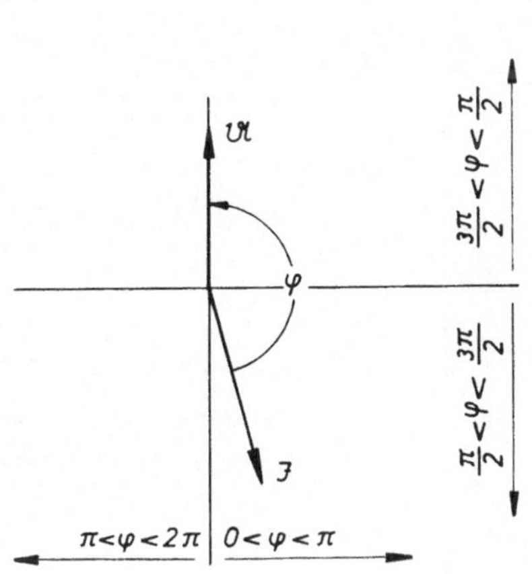

UI cos φ <u>positiv:</u> Wirk-
leistung fließt <u>in</u> den
Zweipol (Verbraucher
+ R).

UI cos φ <u>negativ:</u> Wirkleistung fließt <u>aus</u> dem
Zweipol (Erzeuger -R).

UI sin φ <u>negativ:</u> induktive Blindleistung
fließt <u>aus</u> dem Zweipol (Kapazität C).

UI sin φ <u>positiv:</u> induktive Blindleistung
fließt <u>in</u> den Zweipol
(Induktivität L).

Je nachdem, in welchem Quadranten der Strom eines Zweipols gegenüber der an diesem auftretenden Spannung liegt, kann der Scheinwiderstand $\mathfrak{z}$ dieses Zweipols gemäß folgender Darstellung gedeutet werden.
Ein negativer Widerstand (-R) ist Symbol für einen Stromerzeuger
(Generator).

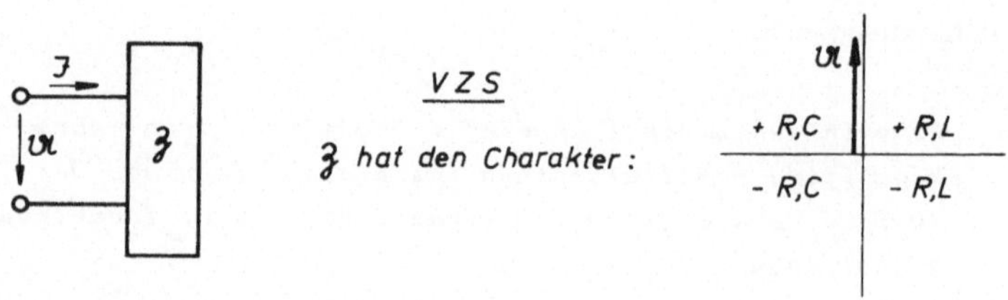

Bild 28   Zuordnung von Phasenlage und Schaltungscharakter im Ver-
brauche r zählpfeilsystem

Für das Erzeugerzählpfeilsystem (EZS) gilt:

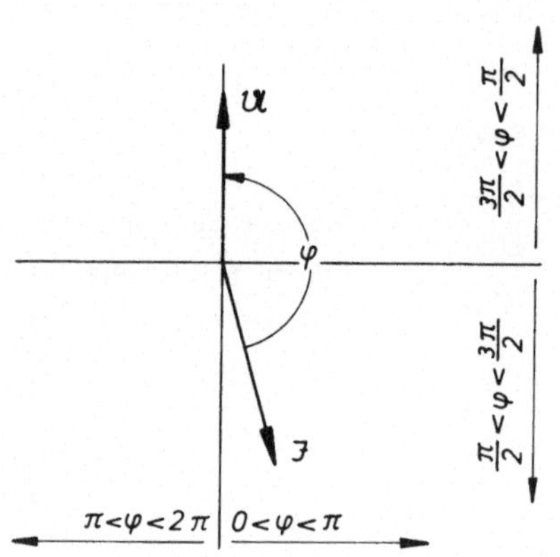

UI $\cos\varphi$ positiv: Wirkleistung fließt aus dem
Zweipol (Erzeuger -R).

UI $\cos\varphi$ negativ: Wirk-
leistung fließt in den
Zweipol (Verbraucher
+R).

UI $\sin\varphi$ negativ: induktive Blindleistung
fließt in den Zwei-
pol (Induktivität L)

UI $\sin\varphi$ positiv:
induktive Blind-
leistung fließt aus
dem Zweipol (Kapa-
zität C).

Wie für das Verbraucherzählpfeilsystem läßt sich auch hier das folgende
leicht einzuprägende Schema aufstellen, nach dem der physikalische

Charakter eines Zweipols aus der Phasenlage des Stromes gegenüber der Spannung gedeutet werden kann.

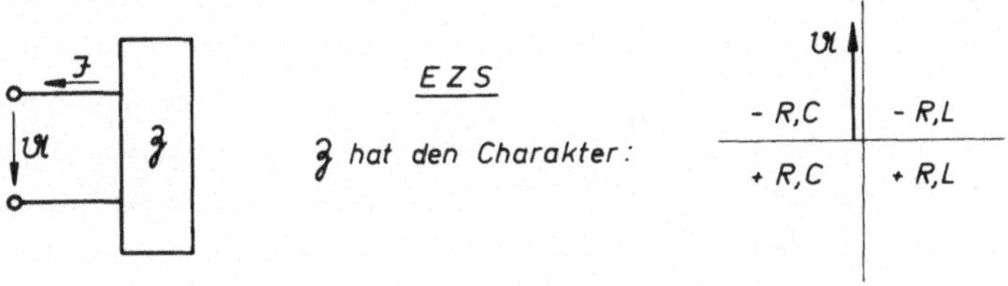

Bild 29 Zuordnung von Phasenlage und Schaltungscharakter im Erzeugerzählpfeilsystem

3.2. Komplexe Darstellung von Sinusgrößen

Wie beschrieben, lassen sich mit Hilfe der Zeigerdarstellung Wechselstromkreise relativ einfach und übersichtlich behandeln. Nachteilig ist die den graphischen Verfahren anhaftende aufwendige und ungenaue quantitative Auswertung. Daher ist dieses Verfahren auf ein analytisches erweitert worden, in dem die Zeiger in der Gaußschen Zahlenebene als komplexe Größen dargestellt werden.

3.2.1. Komplexe Darstellung der Zeiger allgemein

Zur Darstellung der Zeiger hat man als Koordinatensystem die Gaußsche Zahlenebene gewählt. Jeder Punkt dieser Ebene wird durch eine komplexe Zahl

$$\underline{P} = a + jb$$

beschrieben, die aus einem reellen Anteil a und einem imaginären Anteil

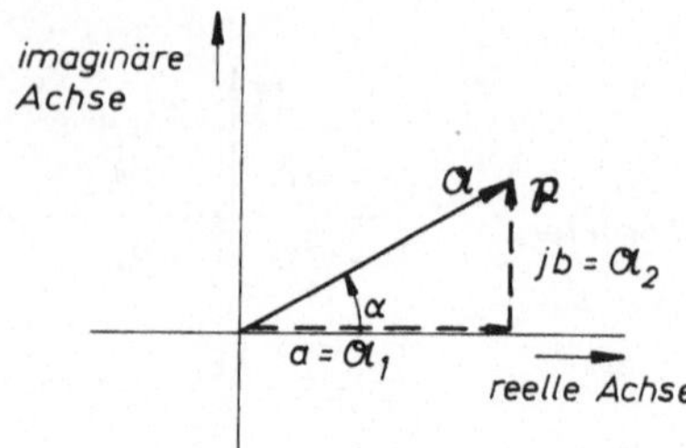

Bild 30 Darstellung eines Zeigers in
der komplexen Ebene

jb besteht.

Beschreibt man den Endpunkt eines Zeigers $\mathfrak{A}$, der vom Nullpunkt der Gaußschen Zahlenebene ausgeht, durch eine komplexe Zahl, wie in Bild 30 dargestellt, so ist mit dieser auch der komplexe Zeiger eindeutig bezeichnet:

$$\mathfrak{A} = a + jb = \mathfrak{A}_1 + \mathfrak{A}_2 .$$

Wie man sieht, kann man den so dargestellten Zeiger auch deuten als geometrische Summe der Zeiger

$$\mathfrak{A}_1 = +A_1 \text{ (in der reellen Achse und)}$$
$$\mathfrak{A}_2 = +jA_2 \text{ (in der imaginären Achse).}$$

Für die komplexe Darstellung der Zeiger werden die gleichen Symbole und Definitionen verwendet wie für die Zeiger selbst, d.h., man bezeichnet

komplexe Zeiger mit deutschen Buchstaben, z.B. $\mathfrak{A}$, und ihre

Beträge mit lateinischen Buchstaben, z.B. A, die bei Wechselgrößen deren Effektivwert angeben.

Der Betrag eines Zeigers ergibt sich aus der komplexen Darstellung zu

$$|\mathfrak{A}| = A = \sqrt{(\text{Realteil})^2 + (\text{Imaginärteil})^2} = \sqrt{A_1^2 + A_2^2} \qquad (14)$$

und der Winkel mit der reellen Achse zu

$$\alpha = \arctan \frac{\text{Imaginärteil}}{\text{Realteil}} = \arctan \frac{A_2}{A_1} ; \qquad (15)$$

α wird entgegen dem Uhrzeigersinn positiv gezählt.

Der Betrag des komplexen Zeigers läßt sich über seine Phasenlage in die beiden Komponenten

$$\text{Realteil} \quad = \text{Zeigerbetrag} \cdot \cos\alpha; \qquad A_1 = |\alpha|\cos\alpha\,,$$
$$\text{Imaginärteil} = \text{Zeigerbetrag} \cdot \sin\alpha; \qquad A_2 = |\alpha|\sin\alpha$$

zerlegen. Mit diesen Beziehungen läßt sich der Zeiger wiederum in der Form

$$\alpha = |\alpha|(\cos\alpha + j\sin\alpha)$$

schreiben, die nach Einsetzen der Eulerschen Gleichung

$$\cos\alpha + j\sin\alpha = e^{j\alpha} \quad \text{in} \quad \alpha = |\alpha|e^{j\alpha} = Ae^{j\alpha}$$

übergeht. Diese Form ist besonders anschaulich. Sie beschreibt den Zeiger α durch einen reellen Zeiger $A = |\alpha|$, der durch Multiplikation mit $e^{j\alpha}$ um den Winkel α aus der reellen Achse verdreht ist.

Die Multiplikation eines Zeigers mit $e^{j\alpha}$ bedeutet in der Gaußschen Zahlenebene eine Drehung dieses Zeigers um α.

Komplexe Zeiger können also in drei Formen geschrieben werden:

a) $\quad \alpha = A_1 + jA_2$ — Kartesische Form (vorteilhaft bei Addition),

b) $\quad \alpha = |\alpha|(\cos\alpha + j\sin\alpha)$ — Polare Form,

c) $\quad \alpha = |\alpha|e^{j\alpha}$ — Exponentialform (vorteilhaft bei Multiplikation).

In den Formen b) und c) stellt der 2. Faktor einen <u>Einheitszeiger</u> mit dem Betrag 1 dar, der eine Drehung des reellen Zeigers $|\alpha|$ um den Winkel α aus der reellen Achse bewirkt.

Die bisher aufgeführten Möglichkeiten der Darstellung eines Zeigers in der komplexen Ebene gelten allgemein, d. h. unabhängig davon, ob der Winkel α konstant oder eine Funktion der Zeit ist. Es sei aber darauf hingewiesen, daß bei der Behandlung von Wechselstromaufgaben beide Arten von komplexen Größen auftreten.

1. <u>Operatoren</u>, die <u>zeitlich konstante Größen</u> symbolisieren (meist Scheinwiderstände, siehe 3. 2. 3. 3 und 3. 2. 3. 4), müssen bei ihrer geometrischen Darstellung in der komplexen Ebene ihrem Charakter entsprechend als stillstehend angenommen werden, d. h., ihr Winkel α zu der reellen Achse ist zeitlich konstant.

2. <u>Zeiger</u>, die <u>sinusförmige Wechselgrößen</u> symbolisieren, müssen, wie in 3. 1 gezeigt, rotierend angenommen werden, selbst wenn diese Rotation bei der formalen Darstellung der Zeiger im allgemeinen unberücksichtigt bleibt (siehe 3. 2. 3). Bei rotierenden Zeigern ist also der Winkel α eine Funktion der Zeit, d. h., er ergibt sich als Summe des Phasenwinkels φ und des Produktes ωt der durch den Zeiger beschriebenen Sinusgrößen ($\sin[\omega t + \varphi]$). Für die komplexe Darstellung dieser Zeiger ist die Exponentialform besonders anschaulich,

$$\alpha = |\alpha| e^{j(\omega t + \varphi)},$$

da durch den die Drehung beschreibenden Einheitszeiger $e^{j(\omega t + \varphi)}$ die Rotation mit der Winkelgeschwindigkeit ω augenfällig hervorgehoben wird.

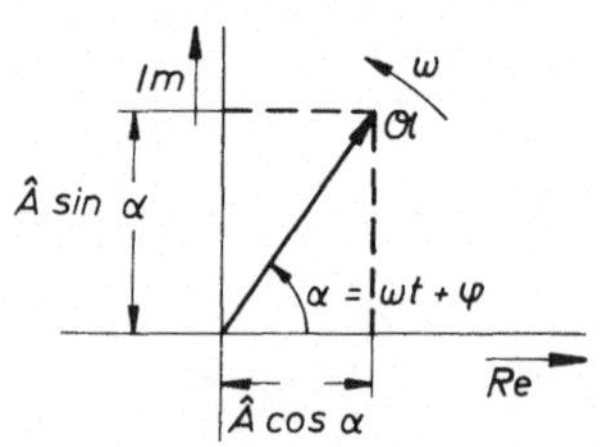

Bild 31 Rotierender Zeiger

Die Augenblickswerte lassen sich aus den komplexen rotierenden Zeigern direkt ermitteln, da ihre reelle oder imaginäre Komponente gleich ist der Projektion des Zeigers auf die reelle oder imaginäre Bezugsachse. Je nachdem, ob der Zusammenhang zwischen der Zeiger- und Zeitdar-

stellung über die Sinus- oder Cosinusfunktion beschrieben wird
(siehe Abschnitt 3. 2. 3. 1), ergeben sich die Augenblickswerte
aus der komplexen Darstellung wie folgt:

$$a = \sqrt{2}\,|\alpha|\cos(\omega t + \varphi) = \sqrt{2}\,\mathrm{Re}\,\alpha \qquad\qquad (16a)$$

oder

$$a = \sqrt{2}\,|\alpha|\sin(\omega t + \varphi) = \sqrt{2}\,\mathrm{Im}\,\alpha. \qquad\qquad (16b)$$

Abgesehen von dem physikalischen Unterschied der durch zeitabhängige
und zeitunabhängige komplexe Ausdrücke (Zeiger und Operatoren) symbolisierten Größen muß dieser Unterschied natürlich bei den entsprechenden mathematischen Behandlungen dieser komplexen Größen - Dif-
ferenzieren und Integrieren - beachtet werden. Zur Vermeidung von
Fehlern sollte man sich unbedingt angewöhnen, die zeitlich konstanten
komplexen Größen als <u>Operatoren</u> und nur die zeitabhängige Größen symbolisierenden komplexen Größen als <u>Zeiger</u> zu bezeichnen (siehe 3.2.3.4).

3. 2. 2. <u>Rechenregeln für komplexe Ausdrücke</u>

Da bei den hier zu behandelnden Problemen die komplexen Ausdrücke
- im allgemeinen Zeiger und Operatoren - physikalische Größen darstellen, müssen neben den im folgenden angegebenen Rechenregeln natürlich auch die für physikalische Größen geltenden Regeln beachtet werden
(siehe Bd. I, 1. 1). Außerdem darf sich innerhalb einer bestimmten
Rechnung in <u>einer</u> komplexen Ebene die Frequenz der durch die komplexen Ausdrücke symbolisierten Größen nicht ändern, was in den nächsten Abschnitten näher erläutert wird. Werden z.B. die Spannungszeiger
durch einen gleichfrequenten Stromzeiger dividiert, so ergeben sich
Widerstandsoperatoren der Frequenz Null, d.h. zeitunabhängige Größen,
die man sich aber in einer anderen komplexen Ebene vorzustellen hat

als der, in der die zeitabhängigen Spannungs- und Stromzeiger beschrieben sind. Diese Interpretation - bei praktischen Rechnungen formal meist nicht beachtet - wird verständlich, wenn man die Augenblickswerte der symbolisierten Größe durch die Real- bzw. Imaginärteile ihrer Zeiger in rotierend angenommener komplexer Ebene beschreibt, da dann die Spannungs- und Stromzeiger in einer mit ihrer Kreisfrequenz rotierend angenommenen komplexen Ebene dargestellt werden. Die Widerstandsoperatoren werden dagegen für eine stillstehende Ebene definiert.

Es sind also nicht alle für komplexe Zahlen gültigen Rechenoperationen ohne weiteres auch auf die komplexe Wechselstromrechnung übertragbar. Daher werden im folgenden die für geometrisch gedeutete komplexe Zahlen (Zeiger und Operatoren) gültigen mathematischen Rechenregeln zusammengestellt, ohne Rücksicht darauf, ob diese Rechenoperationen auf Zeiger oder Operatoren angewandt werden dürfen, und es wird demzufolge auch nur von komplexen Ausdrücken gesprochen.

<u>Die Summe bzw. Differenz</u> komplexer Ausdrücke ergibt sich als Summe bzw. Differenz ihrer Real- und Imaginärteile. Ausdrücke in Exponential- oder Polarform müssen zunächst in die kartesische umgeformt werden

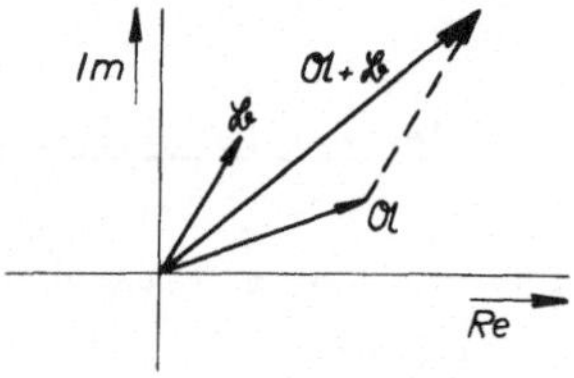

$$\mathfrak{A} + \mathfrak{B} = (A_1 + jA_2) + (B_1 + jB_2) =$$

$$= (A_1 + B_1) + j(A_2 + B_2).$$

Bild 32 Addition komplexer Ausdrücke

<u>Das Produkt bzw. der Quotient</u> komplexer Ausdrücke ist ein Ausdruck, dessen Betrag gleich ist dem Produkt bzw. Quotient der betreffenden Beträge und dessen Argument gleich ist der Summe bzw. Differenz der betreffenden Argumente

$$\mathfrak{A} \cdot \mathfrak{B} = |\mathfrak{A}| \cdot |\mathfrak{B}| \cdot e^{j(\alpha+\beta)}$$

$$\frac{\mathfrak{A}}{\mathfrak{B}} = \frac{|\mathfrak{A}|}{|\mathfrak{B}|} e^{j(\alpha-\beta)} \; .$$

Die Exponential- oder Polarform ist besonders gut für die Multiplikation und die Division geeignet.

In der kartesischen Form wird die Multiplikation entsprechend der Beziehung

$$(A_1 + jA_2)(B_1 + jB_2) = (A_1 B_1 - A_2 B_2) +$$

$$+ j(B_1 A_2 + A_1 B_2)$$

berechnet.

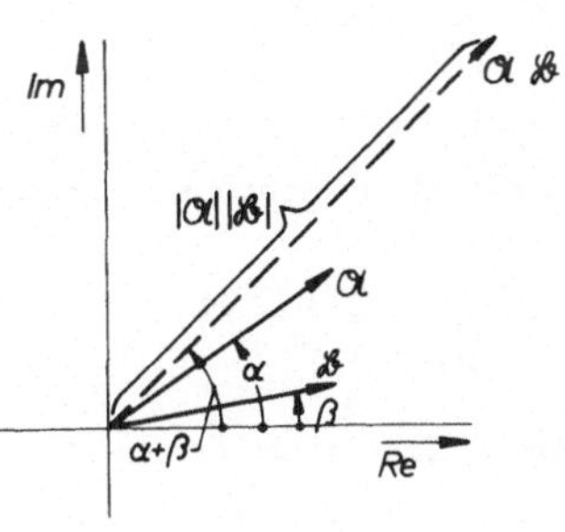

Bild 33 Multiplikation komplexer Ausdrücke

Die Division zweier kartesisch geschriebener komplexer Zahlen wird als Multiplikation des Dividenden mit dem Kehrwert des Divisors aufgefaßt

$$\frac{A_1 + jA_2}{B_1 + jB_2} = (A_1 + jA_2) \frac{1}{B_1 + jB_2} \; ,$$

wobei der Imaginärteil im Nenner des zweiten Faktors (Divisor) durch eine konjugiert komplexe Erweiterung reell gemacht wird (siehe folgenden Abschnitt).

<u>Den Kehrwert eines komplexen Ausdruckes</u> in kartesischer Form erhält man durch Erweiterung mit dem konjugiert komplexen Ausdruck

$$\frac{1}{A_1 + jA_2} = \frac{1}{A_1 + jA_2} \frac{A_1 - jA_2}{A_1 - jA_2} = \frac{A_1 - jA_2}{A_1^2 - (jA_2)^2}$$

zu

$$\frac{1}{A_1 \pm jA_2} = \frac{A_1 \mp jA_2}{A_1^2 + A_2^2}$$

und in der Exponential- oder Polarform als Kehrwert des Betrages mit einem Argument umgekehrten Vorzeichens:

$$\frac{1}{Ae^{j\alpha}} = \frac{1}{A} e^{-j\alpha}.$$

Im Gegensatz zu den für Vektoren gültigen Rechenvorschriften darf also durch einen Zeiger dividiert werden.

Der konjugiert komplexe Ausdruck

Ein komplexer Ausdruck $\mathfrak{A}$ und der zu diesem konjugiert komplexe $\mathfrak{A}^*$ - durch einen
Stern gekennzeichnet - unterscheiden sich
nur im Vorzeichen ihrer Imaginärkompo-
nenten

$$\mathfrak{A} = A_1 \pm jA_2 \quad , \qquad \mathfrak{A}^* = A_1 \mp jA_2 .$$

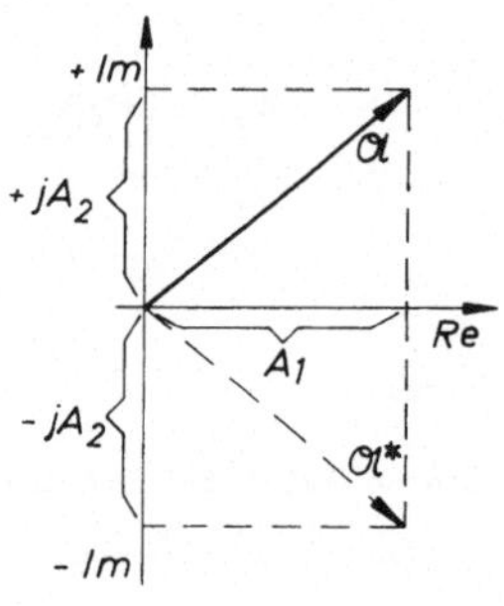

Man kann den konjugiert komplexen Ausdruck $\mathfrak{A}^*$ in der Gaußschen Zahlenebene
also als Spiegelbild von $\mathfrak{A}$ in Bezug auf
die reelle Achse deuten.

Bild 34 Konjugiert kom-
plexer Ausdruck

Für die Polar- und Exponentialform gilt

$$\mathfrak{A} = A_1 + jA_2 = |\mathfrak{A}| (\cos\alpha + j \sin\alpha) = |\mathfrak{A}| e^{j\alpha},$$

$$\mathfrak{A}^* = A_1 - jA_2 = |\mathfrak{A}| (\cos\alpha - j \sin\alpha) = |\mathfrak{A}| e^{-j\alpha}.$$

*Das Produkt eines komplexen Ausdruckes mit seinem
konjugiert komplexen ergibt einen reellen Ausdruck.*

$$\mathfrak{A} \; \mathfrak{A}^* = |\mathfrak{A}|^2$$

<u>Die Potenz bzw. die Wurzel</u> eines komplexen Ausdruckes erhält man, indem der Betrag des komplexen Ausdruckes potenziert bzw. radiziert und der Winkel mit dem Exponenten multipliziert bzw. durch den Wurzelexponenten dividiert wird:

$$\alpha^n = |\alpha|^n (\cos n\alpha + j \sin n\alpha) = |\alpha|^n \, e^{jn\alpha} ,$$

$$\sqrt[n]{\alpha} = \sqrt[n]{|\alpha|}\,(\cos \frac{\alpha + k \cdot 2\pi}{n} + j \sin \frac{\alpha + k \cdot 2\pi}{n}) = + \sqrt[n]{|\alpha|} \cdot e^{j\frac{\alpha + k \cdot 2\pi}{n}} ;$$

$$k = 0,\, 1,\, 2 \ldots (n-1)$$

Geometrisch lassen sich die n Wurzeln des komplexen Ausdrucks $\sqrt[n]{\alpha}$ darstellen, indem um den Nullpunkt ein Kreis mit dem Radius $\sqrt[n]{|\alpha|}$ gezogen wird, dessen Umfang, ausgehend vom Endpunkt des Zeigers $\sqrt[n]{|\alpha|}\,e^{j\alpha/n}$, in n gleiche Teile geteilt wird. Die Teilpunkte geben die Endpunkte der n komplexen Wurzeln an.

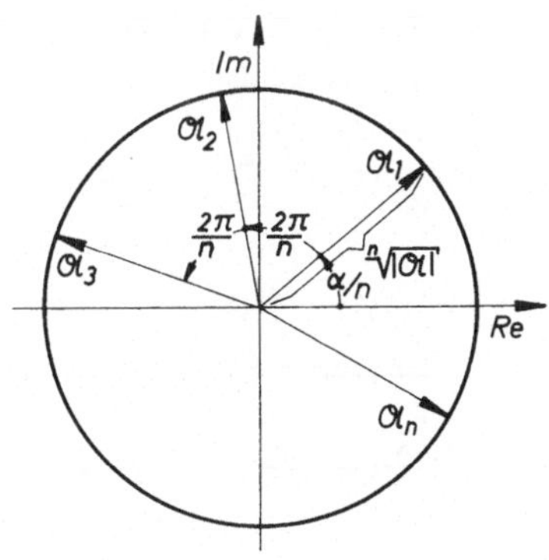

Bild 35 Wurzeln eines komplexen Ausdruckes

<u>Den Differentialquotienten nach der Zeit</u> eines komplexen <u>Zeigers</u>, also eines komplexen Ausdruckes, der einen sich zeitlich sinusförmig mit ωt ändernden Augenblickswert symbolisiert (z.B. die komplexen Strom- oder Spannungszeiger bei sinusförmigem Wechselstrom), erhält man als einen um $\pi/2$ in positive Richtung gedrehten Zeiger, dessen Betrag um den Faktor ω verändert ist:

$$\frac{d}{dt}\,|\alpha|e^{j(\omega t + \alpha)} = j\omega|\alpha|e^{j(\omega t + \alpha)} = \omega|\alpha|e^{j(\omega t + \alpha + \frac{\pi}{2})} ,$$

$$\frac{d\,\mathfrak{A}(t)}{dt} = \frac{d}{dt}A\,e^{j\alpha} = j\omega\,A\,e^{j\alpha} = \omega\,A\,e^{j\left(\alpha+\frac{\pi}{2}\right)}\,.$$

Das zeitliche Integral eines komplexen Zeigers ergibt unter den bei der Differentiation erwähnten Voraussetzungen einen um $\pi/2$ in negative Richtung gedrehten Zeiger, dessen Betrag um den Faktor $1/\omega$ verändert ist:

$$\int\mathfrak{A}(t)\,dt = \int A\,e^{j\alpha}dt = \frac{A}{j\omega}\,e^{j\alpha} = \frac{A}{\omega}\,e^{j\left(\alpha-\frac{\pi}{2}\right)}\,.$$

Der natürliche Logarithmus eines komplexen Ausdruckes ist gleich der Summe aus dem natürlichen Logarithmus des Betrages und dem mit j multiplizierten Winkel :

$$\ln\mathfrak{A} = \ln\left[|\mathfrak{A}|e^{j\alpha}\right] = \ln|\mathfrak{A}| + j\alpha\,.$$

3.2.3. Anwendung der komplexen Rechnung in der Wechselstromtechnik

3.2.3.1. Allgemeine Definition

Die komplexe Behandlung von Wechselstromaufgaben ist gleichbedeutend mit einer Transformation, wie später noch besonders deutlich gemacht wird. Physikalisch existent ist nur die reelle Zeitfunktion der Spannung bzw. des Stromes

$$u = \sqrt{2}\,U\sin\left(\omega t+\varphi_u\right) \quad \text{bzw.} \quad i = \sqrt{2}\,I\sin\left(\omega t+\varphi_i\right)\,.$$

Diese kann lediglich symbolisch auch durch rotierende komplexe Zeiger

$$\mathfrak{U}(t) = U\,e^{j\left(\omega t+\varphi_u\right)} = \left(U\,e^{j\varphi_u}\right)e^{j\omega t}\,, \quad \mathfrak{J} = I\,e^{j\left(\omega t+\varphi_i\right)} = \left(I\,e^{j\varphi_i}\right)e^{j\omega t}$$

beschrieben werden. Bei Rechnungen mit Sinusgrößen gleicher

Frequenz können diese rotierenden Zeiger formal wiederum durch stehende komplexe Zeiger beschrieben werden, da Sinusgrößen gleicher Frequenz bereits durch die Angabe von Amplitude und Phasenlage eindeutig bestimmt sind (siehe 3.1).

$$\mathfrak{U} = U e^{j\varphi_u} \, , \qquad \mathfrak{J} = I e^{j\varphi_i} \, .$$

Man muß sich allerdings immer wieder vor Augen führen, daß durch diese formale "Verstümmelung" der Zeiger der physikalische Charakter der durch sie beschriebenen Sinusgrößen keinesfalls verändert wird.

Unbedingt zu beachten ist, daß nur solche Rechnungen in einer bestimmten komplexen Ebene durchgeführt werden dürfen, bei denen die Frequenz nicht verändert wird.

> *In der komplexen Ebene sind für Zeiger, die Sinus-*
> *größen symbolisieren, die Rechenoperationen*
> *Addieren, Subtrahieren, Differenzieren nach der Zeit*
> *und Integrieren über die Zeit immer gestattet,*
> *Multiplizieren und Dividieren zweier solcher Zeiger*
> *jedoch nur unter ganz bestimmten Voraussetzungen.*

Der mathematische und symbolische Charakter und der formale Ablauf der komplexen Berechnung von Wechselstromaufgaben sind in Tafel 1 schematisch dargestellt. Man erkennt daraus, daß die physikalisch reale Zeitfunktion einer Sinusgröße formal in eine mathematisch zwar korrekte, in der physikalischen Aussage jedoch unvollständige komplexe Größe überführt wird. Von dieser ausgehend, wird dann unter Anwendung der entsprechenden Regeln das komplexe Ergebnis ermittelt, welches wiederum in die Zeitfunktion überführt werden kann.

Bei den meisten praktischen Rechnungen wird zwar dieser vollständige Transformationsvorgang nicht durchgeführt, da die Zeitfunktionen überhaupt nicht interessieren und daher in der Rechnung außer acht gelassen werden dürfen. Man betrachtet dann ausschließlich die als ruhend darge-

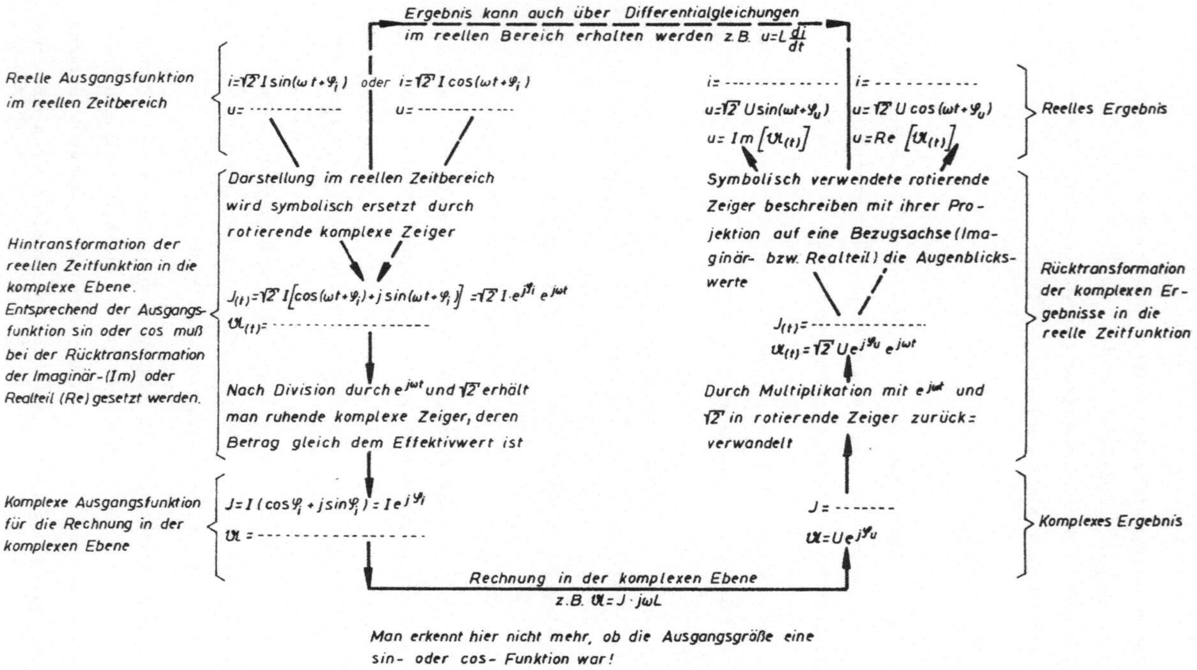

Tafel 1   Darstellung des vollständigen Transformationsvorganges bei der komplexen Behandlung von Wechselstromaufgaben

stellten komplexen Ausgangs- und Ergebnisgrößen, sollte sich dabei
aber unbedingt des vollständigen formalen Ablaufes der Operation gedanklich bewußt bleiben, um Fehler durch falsche Anwendung der nur für
die durch den Transformationsvorgang definierte komplexe Ebene gültigen Rechenvorschriften zu vermeiden.

3.2.3.2. Die Kirchhoffschen Sätze

Die beiden Kirchhoffschen Sätze dürfen bei sinusförmigen Spannungen
und Strömen gleicher Frequenz auch in der komplexen Ebene angewandt
werden, da es sich um Summationen handelt. In folgender Tabelle sind
die für Augenblickswerte von Wechselvorgängen und für Gleichvorgänge
gültigen Sätze den in der komplexen Ebene geltenden gegenübergestellt.

	Gleichungen im Zeitbereich	Gleichungen in der komplexen Ebene
Knotenpunktgleichung	$\Sigma\, i(t) = 0$	$\Sigma\, \mathfrak{J} = 0$
Maschengleichung	$\Sigma\, u(t) - \Sigma\, u_i(t) = 0$ bzw. $\Sigma\, u(t) = 0$	$\Sigma\, \mathfrak{U} - \Sigma\, \mathfrak{U}_i = 0$ bzw. $\Sigma\, \mathfrak{U} = 0$

Tafel 2   Kirchhoffsche Sätze im Zeitbereich und in der komplexen Ebene

3.2.3.3. Das Ohmsche Gesetz

Das Ohmsche Gesetz darf bei sinusförmigen Spannungen und Strömen
gleicher Frequenz auch in der komplexen Ebene angewandt werden, da
es bei ohmschen Widerständen (R) eine Multiplikation mit einer reellen
Größe, bei Blindwiderständen (L und C) eine zeitliche Differentiation
bzw. Integration bedeutet.

	Gleichungen im Zeitbereich	Gleichungen in der komplexen Ebene
Ohmscher Widerstand	$u = iR$ $R = \dfrac{u}{i}$	$\mathfrak{U} = \mathfrak{J}R$ $\mathfrak{Z} = \dfrac{\mathfrak{U}}{\mathfrak{J}} = R$ Quotient $(\mathfrak{U}/\mathfrak{J})$ bezieht sich in diesem Sonderfall auf Sinusgrößen gleicher Frequenz und Phasenlage, das Ergebnis ist daher eine reelle Größe (R).
Induktivität Kapazität	$u = L\dfrac{di}{dt}$ $u = \dfrac{1}{C}\int i\,dt$	$\mathfrak{U}_L = j\omega L\,\mathfrak{J}$ $\mathfrak{Z} = \dfrac{\mathfrak{U}_L}{\mathfrak{J}} = j\omega L$ $\mathfrak{U}_C = \dfrac{1}{j\omega C}\,\mathfrak{J}$ $\mathfrak{Z} = \dfrac{\mathfrak{U}_C}{\mathfrak{J}} = -\dfrac{j}{\omega C}$ Die durch Differentiation bzw. Integration bedingte Drehung wird durch Multiplikation mit j berücksichtigt, die Frequenz wird nicht verändert.

Tafel 3 Ohmsches Gesetz im Zeitbereich und in der komplexen Ebene

Der entsprechend dem Ohmschen Gesetz als Quotient Spannung zu Strom definierte - im physikalischen Sinne dem ohmschen Widerstand nicht gleichzusetzende - Scheinwiderstand von Wechselstromkreisen, $\mathfrak{Z} = \mathfrak{U}/\mathfrak{J}$, errechnet sich für sinusförmige Größen gleicher Frequenz zu

$$\mathfrak{Z} = \frac{Ue^{j(\omega t + \varphi_u)}}{Ie^{j(\omega t + \varphi_i)}} = \frac{Ue^{j\varphi_u}}{Ie^{j\varphi_i}} = \frac{U}{I}e^{j(\varphi_u - \varphi_i)} = Ze^{j\varphi},$$

d. h., er ist ganz allgemein eine komplexe Größe, die unkorrekterweise häufig auch als komplexer "Zeiger" bezeichnet wird. Wesentlich ist aber, daß dieser komplexe Scheinwiderstand keine <u>zeitabhängige Größe</u> ist - in dem Quotient $\mathfrak{U}/\mathfrak{J}$ kürzt sich der Faktor $e^{j\omega t}$ heraus -, also immer durch <u>ruhende "Zeiger"</u> symbolisiert wird, im Gegensatz zu den zeitlich sinusförmig verlaufenden Wechselspannungs- und Wechselstromgrößen, die symbolisch durch rotierende Zeiger dargestellt werden. Letztere werden im Zuge der Transformation im allgemeinen zwar auch zu ruhenden Zeigern verstümmelt, das ändert aber nichts an ihrem zeitabhängigen Verlauf. Um diesen Unterschied schon in der Bezeichnung zum Ausdruck zu bringen, nennt man den komplexen Scheinwiderstand nicht Zeiger, sondern <u>Operator</u>.

Die Division eines Zeigers durch einen gleichfrequenten Zeiger ist gestattet, da das Ergebnis ein komplexer Operator ist, der streng formal zwar in einer anderen, aber durch das Ohmsche Gesetz festgelegten Ebene definiert ist.

Das <u>Ohmsche Gesetz</u> lautet also in der komplexen Ebene:

$$\mathfrak{U} = \mathfrak{J}\,\mathfrak{z}$$

Die Multiplikation bzw. Division mit der komplexen, zeitunabhängigen Größe $\mathfrak{z}$ (<u>Operator</u>) in der komplexen Ebene ist mathematisch zulässig, da dadurch wohl die Phasenlage zwischen $\mathfrak{U}$ und $\mathfrak{J}$, nicht aber die Frequenz verändert wird.

3.2.3.4. <u>Der Widerstands- bzw. Leitwertoperator</u>

Der <u>Widerstandsoperator $\mathfrak{z}$</u> kann allgemein in den Formen

$$\mathfrak{Z} = Ze^{j\varphi_z} = |\mathfrak{Z}|(\cos\varphi_z + j\sin\varphi_z) = R + jX \qquad\qquad (17)$$

geschrieben werden. Darin bedeuten:

$|\mathfrak{Z}|$ = Z   den Betrag des Widerstandes,

R   die reelle oder ohmsche Komponente,

X   die imaginäre oder Blind-Komponente und

φ_z den Phasenwinkel des Widerstandes, falls eindeutig auch ohne Index (φ) angegeben.

Wie man aus dem Summenausdruck erkennt, entspricht dieser Form ein passiver Zweipol, dessen Ersatzschaltbild aus einer <u>Reihenschaltung</u> von Wirk- und Blindwiderstand besteht. In der Gaußschen Zahlenebene läßt sich $\mathfrak{Z}$ geometrisch als Zeigerdiagramm ähnlich dem Spannungs- und Stromzeigerdiagramm wie folgt darstellen:

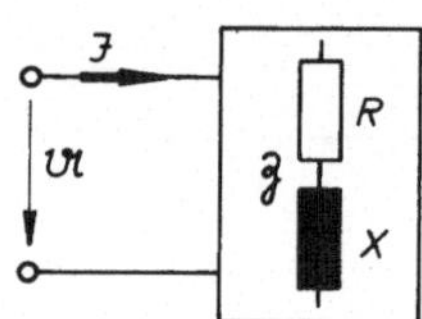

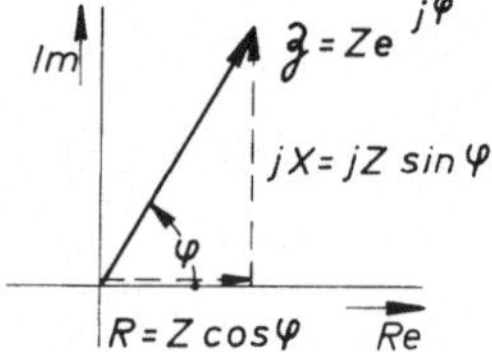

Bild 36 Darstellung des Widerstandsoperators

Faßt man den Strom, der durch den Scheinwiderstand $\mathfrak{Z}$ fließt - der also die beiden Schaltelementen gemeinsame Größe darstellt -, als reelle Größe auf, so erhält man für den Spannungszeiger $\mathfrak{U}$ mit seinen Komponenten an der Reihenschaltung von R und X des Ersatzschaltbildes ein Dreieck, das dem des Scheinwiderstandes ähnlich ist. Die Diagramme von Scheinwiderstand $\mathfrak{Z}$ und Spannung $\mathfrak{U}$ unterscheiden sich bei der Reihenschaltung also lediglich in der Größe um den Maßstabsfaktor $|\mathfrak{Z}|$

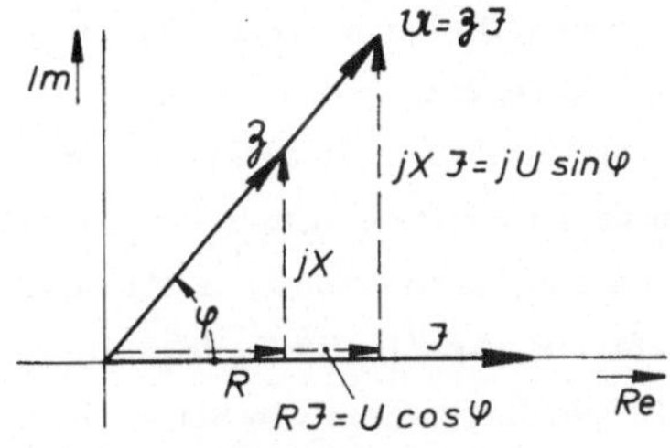

Bild 37 Widerstands- und
Spannungsdiagramm

und in der Dimension um die des
Stromes. Im Hinblick auf die physikalische Interpretation hat man
sich aber formal das Koordinatensystem für $\mathfrak{Z}$ als stillstehend
und für $\mathfrak{U}$ mit ω rotierend vorzustellen.

Der <u>Leitwertoperator</u> ergibt sich als Kehrwert des Scheinwiderstandes
und ist demzufolge ebenfalls ein komplexer Ausdruck

$$\mathfrak{Y} = \frac{1}{\mathfrak{Z}} = |\mathfrak{Y}|e^{j\varphi_y} = |\mathfrak{Y}|(\cos \varphi_y + j \sin \varphi_y) = G + jB \qquad (18)$$

mit den Größen:

$|\mathfrak{Y}| = Y$ Betrag des Leitwertes,

G   reelle oder ohmsche Leitwertkomponente,

B   imaginäre oder Blind-Leitwertkomponente,

φ_y Phasenwinkel des Leitwertes, falls eindeutig auch
ohne Index (φ) angegeben.

Der Summenform des Leitwertoperators entspricht ein passiver Zweipol,
dessen Ersatzschaltbild aus einer Parallelschaltung von Wirk- und
Blindwiderstand besteht. Das Diagramm dieses Leitwertoperators ist

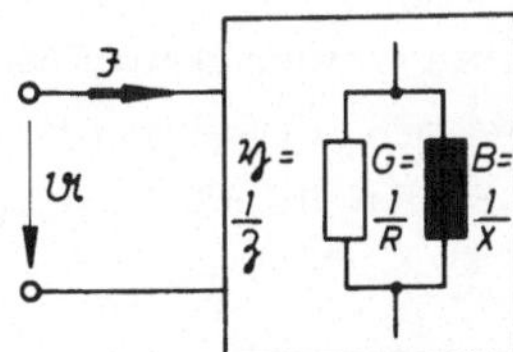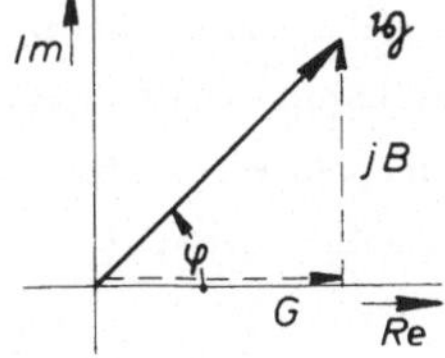

Bild 38 Darstellung des Leitwertoperators

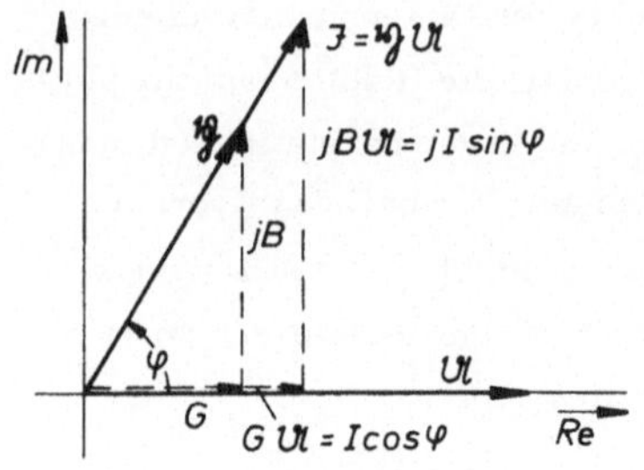

Bild 39 Leitwert- und
Stromdiagramm

ähnlich dem Stromzeigerdiagramm der Ersatzschaltung des Zweipols. Das wird klar, wenn man den Leitwertoperator mit der für beide Schaltelemente gleichen Größe der als reell aufgefaßten Spannung $\mathfrak{U}$ multipliziert. Die Zeigerdiagramme von Scheinleitwert $\mathfrak{y}$ und Strom $\mathfrak{J}$ unterscheiden sich lediglich in der Größe um den Maßstabsfaktor U und in der Dimension um die der Spannung.

3.2.3.4.1. Berechnung der Widerstands- bzw. Leitwertoperatoren

Ein beliebiges Netzwerk aus linearen Wechselstromwiderständen kann nach den gleichen Regeln, wie sie in Bd. I, 3.4 für Gleichstromkreise angegeben sind, zu einfacheren Ersatzschaltbildern reduziert werden, wenn man diese Regeln sinngemäß auf die komplexe Ebene erweitert. Das bedeutet, daß der Ersatzwiderstand eines Zweipols nicht mehr wie bei Gleichstromkreisen aus einem ohmschen Widerstand besteht, sondern aus einem Wechselstrom-Widerstand, d.h. aus der Reihen- oder Parallelschaltung eines Wirk- und Blindwiderstandes. Bei der Bestimmung eines solchen Ersatzzweipoles für ein Wechselstromnetzwerk müssen also immer zwei Unbekannte - Betrag und Phasenwinkel - berechnet werden, was aber zu keinen mathematischen Schwierigkeiten führt, da sich aus der komplexen Gleichung des Zweipols ja auch zwei Bestimmungsgleichungen - die Gleichung muß für Realteile und für Imaginärteile erfüllt sein - ergeben.

Beispiel:

Für die Reihenschaltung in Bild 40 ergibt sich aus der Maschenregel

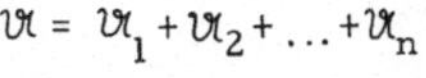

$$\mathfrak{U} = \mathfrak{U}_1 + \mathfrak{U}_2 + \ldots + \mathfrak{U}_n$$

nach Division durch den für alle Widerstände gleichen Strom $\mathfrak{J}$

$$\frac{\mathfrak{U}}{\mathfrak{J}} = \frac{\mathfrak{U}_1}{\mathfrak{J}} + \frac{\mathfrak{U}_2}{\mathfrak{J}} + \ldots + \frac{\mathfrak{U}_n}{\mathfrak{J}}$$

der resultierende Scheinwiderstand:

$$\mathfrak{Z} = \sum_{\nu=1}^{n} \mathfrak{Z}_\nu .$$

Setzt man die Scheinleitwerte ein, so gilt:

$$\frac{1}{\mathfrak{Y}} = \sum_{\nu=1}^{n} \frac{1}{\mathfrak{Y}_\nu} .$$

Die <u>Spannungsteilerregel</u> erhält man aus

$$\mathfrak{J}_1 = \mathfrak{J}_2 = \mathfrak{J}_\nu = \mathfrak{J} = \mathfrak{U}_\nu / \mathfrak{Z}_\nu$$

$$\frac{\mathfrak{U}_\nu}{\mathfrak{U}} = \frac{\mathfrak{Z}_\nu}{\mathfrak{Z}} = \frac{\mathfrak{Y}}{\mathfrak{Y}_\nu} .$$

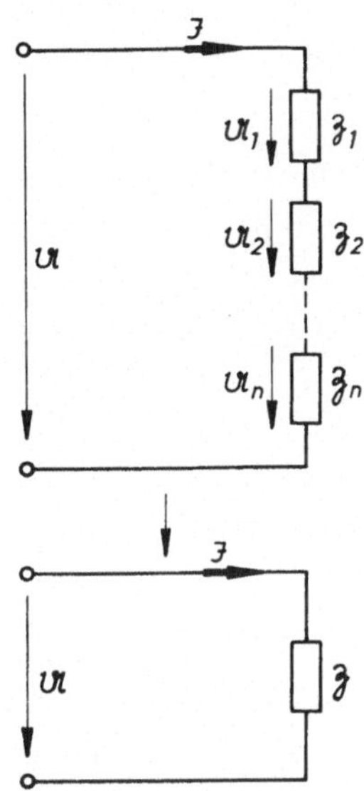

Bild 40 Ersatzwiderstand für die Reihenschaltung

<u>Für die Parallelschaltung</u> ergibt sich aus dem Knotenpunktsatz

$$\mathfrak{J} = \mathfrak{J}_1 + \mathfrak{J}_2 + \ldots + \mathfrak{J}_n$$

nach Division durch die für alle Widerstände gleiche Spannung $\mathfrak{U}$

$$\frac{\mathfrak{J}}{\mathfrak{U}} = \frac{\mathfrak{J}_1}{\mathfrak{U}} + \frac{\mathfrak{J}_2}{\mathfrak{U}} + \ldots + \frac{\mathfrak{J}_n}{\mathfrak{U}}$$

der resultierende Leitwert:

$$\mathfrak{Y} = \sum_{\nu=1}^{n} \mathfrak{Y}_\nu .$$

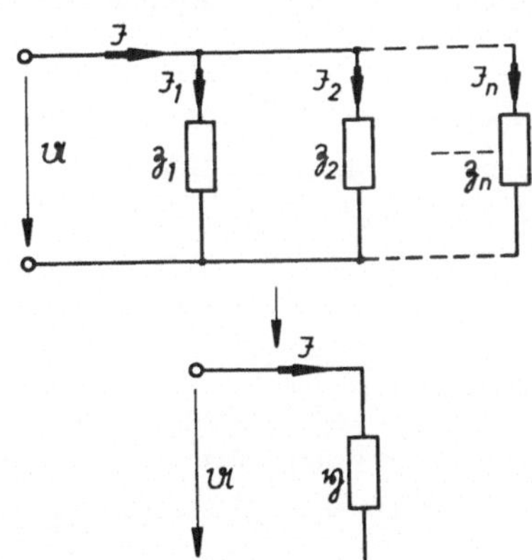

Bild 41 Ersatzleitwert für die Parallelschaltung

Für die Widerstände gilt:

$$\frac{1}{\mathfrak{Z}} = \sum_{\nu=1}^{n} \frac{1}{\mathfrak{Z}_\nu} \ .$$

Die <u>Stromteilerregel</u> ergibt sich aus

$$\mathfrak{I}_1 \mathfrak{Z}_1 = \mathfrak{I}_2 \mathfrak{Z}_2 = \mathfrak{I}_\nu \mathfrak{Z}_\nu = \mathfrak{I} \mathfrak{Z} = \mathfrak{U}$$

zu

$$\frac{\mathfrak{I}_\nu}{\mathfrak{I}} = \frac{\mathfrak{Z}}{\mathfrak{Z}_\nu} = \frac{\mathfrak{U}\mathfrak{Z}_\nu}{\mathfrak{U}\mathfrak{Z}} \ .$$

3. 2. 3. 5. <u>Wechselstromleistung in komplexer Darstellung</u>

Wie früher gezeigt, ist es zweckmäßig, die Wechselstromleistung durch
die ihrem physikalischen Charakter entsprechenden beiden Komponenten

$$\text{\underline{Wirkleistung:}} \qquad P_W = UI \cos \varphi \ ,$$
$$\text{\underline{Blindleistung:}} \qquad P_B = UI \sin \varphi$$

darzustellen. Diese Leistungskomponenten lassen sich in der komplexen
Ebene wie folgt berechnen:

Das Produkt aus komplexem Spannungszeiger $\mathfrak{U} = Ue^{j\varphi_u}$ und dem zum
Stromzeiger $\mathfrak{I} = Ie^{j\varphi_i}$ konjugiert komplexen Stromzeiger $\mathfrak{I}^* = Ie^{-j\varphi_i}$,
$\mathfrak{U}\mathfrak{I}^* = UIe^{j(\varphi_u - \varphi_i)}$, erhält man mit der Definition des Phasenwinkels
$\varphi = \varphi_u - \varphi_i$ zu:

$$\mathfrak{U}\mathfrak{I}^* = UIe^{j\varphi} = UI(\cos \varphi + j \sin \varphi). \qquad (19)$$

Man erkennt aus einem Koeffizientenvergleich mit den obigen Ausdrücken
für die Leistung, daß der Realteil dieses komplexen Produktes die <u>Wirk-
leistung</u>

$$P_W = \text{Re}(\mathfrak{U}\mathfrak{I}^*) = UI \cos \varphi \qquad (20)$$

darstellt, der Imaginärteil die <u>Blindleistung</u>

$$P_B = \text{Im}(\mathfrak{U}\,\mathfrak{J}^*) = UI\sin\varphi \qquad\qquad (21)$$

und der Betrag die <u>Scheinleistung</u>

$$P = |\mathfrak{U}\,\mathfrak{J}^*| = \sqrt{P_W^2 + P_B^2} \; . \qquad\qquad (22)$$

Da das Produkt $\mathfrak{U}\,\mathfrak{J}^*$, vollständig geschrieben $\mathfrak{U}\,\mathfrak{J}^* = UIe^{j\varphi}\cdot e^{j2\omega t}$, allgemein wiederum einen komplexen Ausdruck darstellt, läßt es sich in einer Gaußschen Zahlenebene geometrisch deuten als einen mit 2ω rotierend angenommenen Zeiger bzw. als ruhenden Zeiger in einer mit 2ω rotierend angenommenen komplexen Ebene. Man nennt dieses formal definierte Produkt:

komplexe Wech-
selstromleistung
oder Leistungs-
zeiger,

für das die im folgenden erläuterten besonderen Definitionen gelten.

Die Real- und Blindkomponenten der komplexen Wechselstromleistung sind nur von der Phasenverschiebung zwischen Spannung und Strom ($\varphi = \varphi_u - \varphi_i$) abhängig. Dementsprechend ist

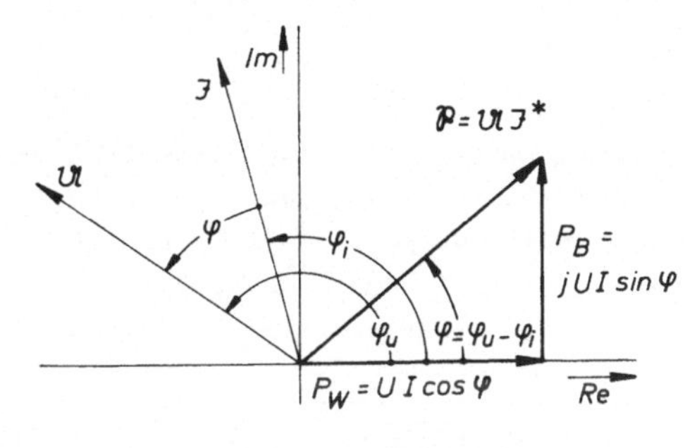

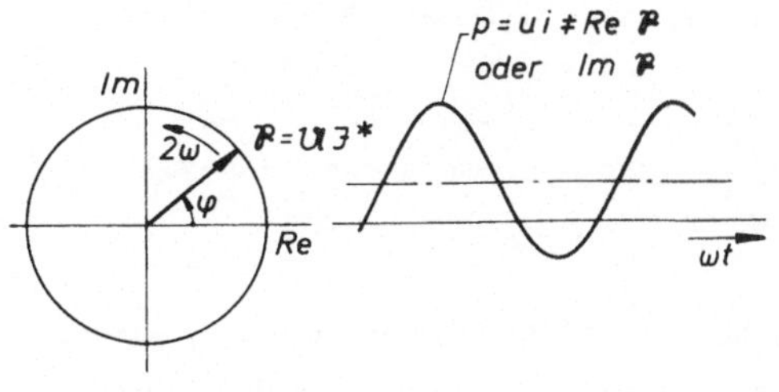

Bild 42 Komplexer Leistungszeiger

die Phasenlage des komplexen Leistungszeigers auch nur abhängig von φ
und nicht von der Phasenlage der Strom- und Spannungszeiger (φ_i und
φ_u) in dem für diese geltenden Koordinatensystem.

Die komplexe Ebene, in der der Leistungszeiger durch das Produkt $\mathfrak{U}\mathfrak{J}^*$
definiert ist, ist also nicht identisch mit der Ebene, in der über die
Nullphase von Strom und Spannung deren komplexe Zeiger definiert sind.
Dieser definitiv bedingte Unterschied zeigt sich auch darin, daß sich die
Augenblickswerte der zeitlich mit ω schwankenden Wechselspannungen
bzw. -ströme durch die Projektion der ihnen zugeordneten mit ω rotierend angenommenen Strom- oder Spannungszeiger auf die reelle oder
imaginäre Achse ergeben. Die Augenblickswerte der mit 2ω sinusförmig schwankenden Wechselstromleistung, die eine der Wirkleistung entsprechende Gleichkomponente enthält, ergibt sich dagegen nicht aus der
Projektion des mit 2ω rotierend anzunehmenden Leistungszeigers auf
die reelle oder imaginäre Achse.

> *Der komplexe Leistungszeiger ist eine reine Rechen-*
> *größe. Entgegen den allgemein gültigen Regeln der*
> *komplexen Rechnung für Sinusgrößen ergibt er sich*
> *aus der nur für diesen definierten Sonderfall er-*
> *laubten Multiplikation zweier zeitlich rotierender*
> *Zeiger.*
>
> *Bei der üblicherweise aus $\mathfrak{U}\mathfrak{J}^*$ errechneten komplexen*
> *Wechselstromleistung gelten für die Zuordnung des*
> *Vorzeichens der Imaginärkomponente zur Flußrichtung*
> *der <u>induktiven Blindleistung</u> die gleichen Regeln wie*
> *bei der Wirkleistung.*

Die Zuordnung der Vorzeichen von $\mathfrak{U}\mathfrak{J}^*$ und der dadurch zum Ausdruck
gebrachte Richtungsinn des Leistungsflusses bzw. der physikalische
Charakter des betrachteten Zweipoles ist in Tafel 4 aufgeführt.

		Verbraucherzählpfeil-system	Erzeugerzählpfeilsystem
		Netz — $\mathfrak{J}$ → Zweipol, $\mathfrak{U}$, → P(t)	Netz — $\mathfrak{J}$ → Zweipol, $\mathfrak{U}$, ← P(t)
Realteil von $(\mathfrak{U}\mathfrak{J}^{*})$ (Wirkleistung)	positiv	Zweipol nimmt Wirkleistung aus dem Netz <u>auf</u>.	Zweipol gibt Wirkleistung an das Netz <u>ab</u>.
	negativ	Zweipol gibt Wirkleistung an das Netz <u>ab</u>.	Zweipol nimmt Wirkleistung aus dem Netz <u>auf</u>.
Imaginärteil von $(\mathfrak{U}\mathfrak{J}^{*})$ (Blindleistung)	positiv	Zweipol nimmt <u>induktive</u> Blindleistung aus dem Netz <u>auf</u>. Er wirkt als <u>Induktivität</u>.	Zweipol gibt <u>induktive</u> Blindleistung an das Netz <u>ab</u>. Er wirkt als <u>Kapazität</u>.
	negativ	Zweipol gibt <u>induktive</u> Blindleistung an das Netz <u>ab</u>. Er wirkt als <u>Kapazität</u>.	Zweipol nimmt <u>induktive</u> Blindleistung aus dem Netz <u>auf</u>. Er wirkt als <u>Induktivität</u>.

<u>Tafel 4</u> Vorzeichenzuordnung der komplexen Zweipolleistung zu dem physikalischen Charakter des Zweipoles

Anmerkung:

Eingangs wurde ohne Kommentar der konjugiert komplexe Stromzeiger zur Berechnung der Leistung eingeführt:

$$\mathfrak{U}\mathfrak{J}^{*}= UI\,(\cos\varphi + j\sin\varphi)\,.$$

Mit gleicher Berechtigung könnte man die Leistung aber auch über den konjugiert komplexen Spannungszeiger $\mathfrak{U}^{*}$ zu

$$\mathfrak{J}\mathfrak{U}^{*}= UI\,(\cos\varphi - j\sin\varphi)$$

definieren, was lediglich bewirken würde, daß die von einer Induktivität __aufgenommene__ Blindleistung im Verbraucherzählpfeilsystem negativ errechnet würde statt wie bei $\mathfrak{U}\mathfrak{J}^{*}$ positiv.

3.3. Ortskurven und Inversion komplexer Größen

3.3.1. Allgemeiner Begriff der Ortskurven

Zeigerdiagramme vermitteln in anschaulicher Weise einen Einblick in die Zusammensetzung von Summen verschiedener gleichfrequenter Sinusgrößen - in der hier betrachteten Wechselstromlehre also von Spannungen oder Strömen -, aber auch von zeitunabhängigen komplexen Größen - z.B. der Widerstands- und Leitwertoperatoren -. Sie können jedoch jeweils nur für eine bestimmte konstante Frequenz und bestimmte konstante Werte der Schaltelemente aufgestellt werden. Das ist sehr nachteilig, da diese Voraussetzung in praktisch gegebenen Schaltungen nur selten erfüllt ist. In der Nachrichtentechnik interessieren neben der Auswirkung von Induktivitäts- oder Kapazitätsänderungen vor allem die Eigenschaften einer Schaltung bei verschiedenen Frequenzen, in der Energietechnik im wesentlichen das Verhalten von Spannung und Strom bei Belastungs -, also Widerstandsänderungen.

Soll die Abhängigkeit der betrachteten Größe von den Schaltungsgrößen
- Frequenz, Induktivität, Kapazität oder Widerstand - dargestellt werden, so könnte man für verschiedene, jeweils konstant angenommene Werte einer Schaltungsgröße das Zeigerdiagramm angeben, d.h. das Verhalten durch eine Vielzahl von Zeigerdiagrammen beschreiben.

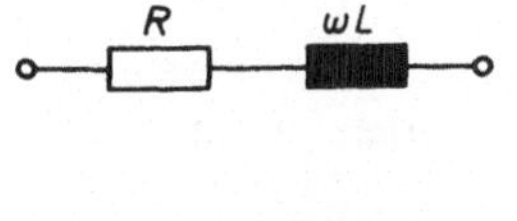

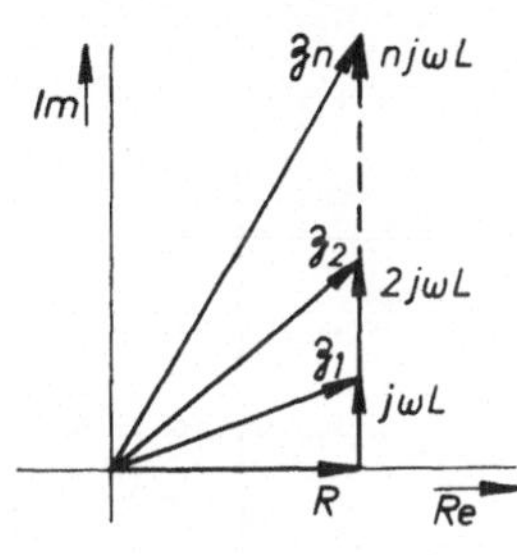

Bild 43   Darstellung des Widerstandsoperators $\mathfrak{Z}$ durch Zeigerdiagramme mit ω als Parameter

Beispiel:

Die Abhängigkeit des komplexen Widerstandsoperators $\mathfrak{Z}$ einer Reihenschaltung aus ohmschem Widerstand R und Induktivität L von der Kreisfrequenz ω kann entsprechend Bild 43 mit Hilfe von Zeigerdiagrammen dargestellt werden, die für eine jeweils konstante Frequenz ω, 2ω, 3ω .... $n\omega$ gelten.

Die Übersichtlichkeit einer solchen Darstellung kann wesentlich dadurch erhöht werden, daß alle nicht interessierenden Größen der Zeigerdiagramme fortgelassen, d.h. nur die komplexen Zeiger bzw. Operatoren der darzustellenden Größe gezeichnet und mit dem zugehörigen Wert der variablen Schaltungsgröße beziffert werden. Aus dieser Darstellung kann dann die zu betrachtende Größe nach <u>Betrag und Phasenlage</u> in Abhängigkeit von dem jeweiligen Parameter abgelesen werden. Eine weitere Vereinfachung ergibt sich, wenn man auch die Zeiger bzw. Operatoren der darzustellenden Größe fortläßt und nur noch die Kurve zeichnet, auf der deren Endpunkte (Spitzen) liegen. Diese sogenannte <u>Orts-</u>

<u>kurve</u> ist also der <u>geometrische Ort</u> aller Werte der von einer variablen Schaltungsgröße abhängigen komplexen Größe. Sie wird nach dem Parameter beziffert.

Beispiel:

In Bild 44a ist nur der Widerstandsoperator $\mathfrak{z}$ des vorigen Beispiels in Abhängigkeit von ω dargestellt, in Bild 44b die entsprechende Ortskurve für $\mathfrak{z}(\omega)$.

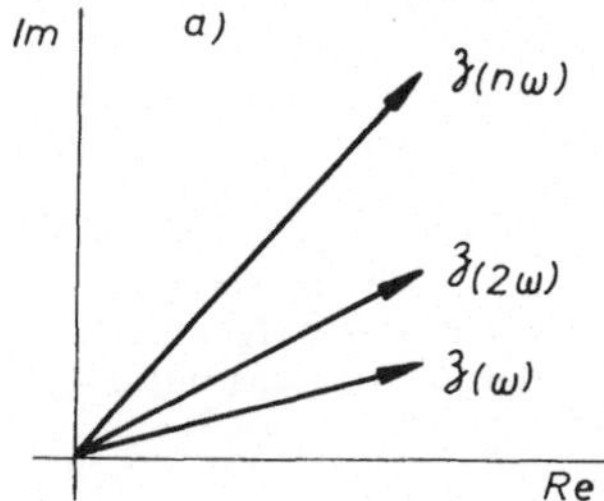

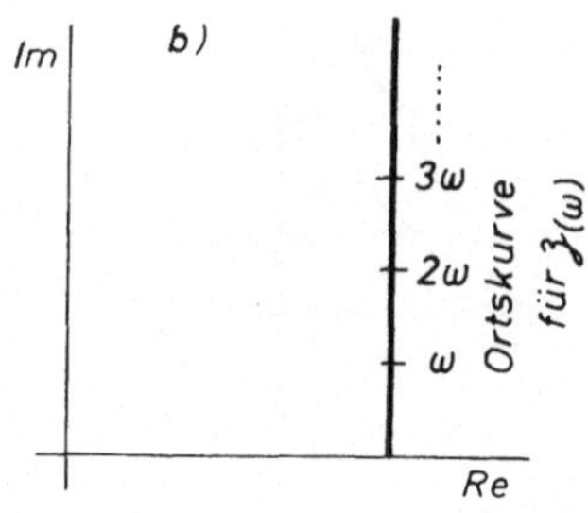

Bild 44 Darstellung des Widerstandsoperators aus Bild 43
        a) durch verschiedene Zeiger
        b) durch eine Ortskurve

Die mit Hilfe einer Ortskurve darzustellende komplexe Größe ist immer eine Summe von komplexen Größen - im einfachsten Falle die Summe einer reellen und einer imaginären Größe -, von denen eine oder auch mehrere verschiedene Werte annehmen können. Zu beachten ist aber, daß die Ortskurve wohl der geometrische Ort der betrachteten komplexen Größe für alle verschiedenen Werte der variablen Größe ist, aber nur im jeweils stationären Zustand, d.h., jeder Punkt der Ortskurve gilt nur, solange alle für diesen Punkt maßgebenden komplexen Größen sich zeitlich weder in ihrer Amplitude noch Phasenlage verändern. Für die Dauer einer solchen Änderung gilt die Ortskurve nicht, was eigentlich selbstverständlich ist, da die komplexen Zeigerdiagramme ja nur für konstante Parameter aufgestellt werden können.

Beispiel:

Der Spannungsabfall an der vom stationären Wechselstrom $\mathfrak{J}$ durchflossenen Reihenschaltung des vorigen Beispiels

$$\mathfrak{U} = \mathfrak{J}\,(R + j\omega L)$$

kann, wie nachstehende Skizze zeigt, als Ortskurve dargestellt werden. Auf dieser Ortskurve liegen die Spannungszeiger für alle ω aber nur, wenn jedes diskrete ω selbst als zeitlich konstant angenommen wird und der Einschwingvorgang (siehe Schaltvorgänge) abgeklungen ist. Der für einen bestimmten Wert ω auf der Ortskurve angegebene Spannungswert $\mathfrak{U}(\omega)$ stellt sich an der Schaltung also erst ein, nachdem der Strom $\mathfrak{J}$ mit der konstanten Frequenz ω bereits sehr lange durch die Schaltung geflossen ist, theoretisch nach unendlich langer Zeit. Ändert sich die Frequenz ω zeitlich, ist sie selbst also eine Funktion der Zeit $[\omega(t)]$, so gilt die Ortskurve für die Augenblickswerte von ω nicht. In diesem

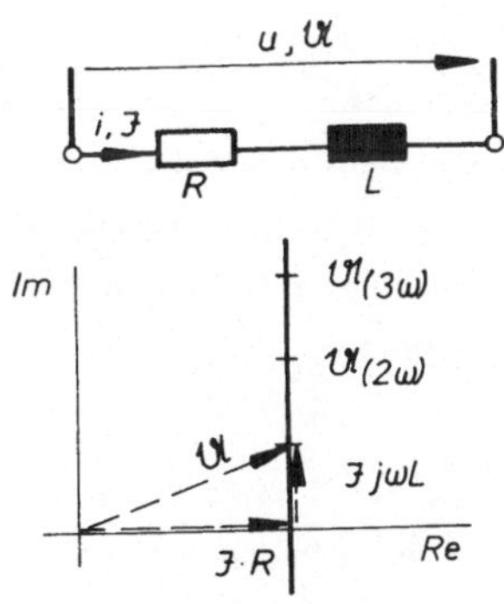

Bild 45 Die Ortskurve des Widerstandsoperators einer Reihenschaltung

Fall führt die den Spannungssatz erfüllende Differentialgleichung

$$u = R\hat{I}\sin\left[\omega(t)\right]t + L\frac{d}{dt}\left\{\hat{I}\sin\left[\omega(t)\right]t\right\}$$

nicht auf die nur für $\omega = $ const. geltende komplexe Gleichung $\mathfrak{U} = \mathfrak{J}R + j\,\mathfrak{J}\omega L$, die von der Ortskurve dargestellt wird, sondern auf den Ausdruck

$$u = R\hat{I}\sin\left[\omega(t)\right]t + L\hat{I}\left[\omega(t) + t\frac{d\omega(t)}{dt}\right]\cos\left[\omega(t)\right]t\,,$$

der ja, wie man leicht einsieht, nicht über die hier betrachteten Zeigerdiagramme oder Ortskurven dargestellt werden kann.

Um die zeitliche Konstanz der in der Ortskurve dargestellten Größe bereits in der Bezeichnung zum Ausdruck zu bringen, spricht man davon,
daß die betrachtete Größe in Abhängigkeit von den <u>parametrisch</u> veränderlichen variablen Schaltungsgrößen dargestellt werde. Die variable
Schaltungsgröße Frequenz, Induktivität usw. wird meist dargestellt als

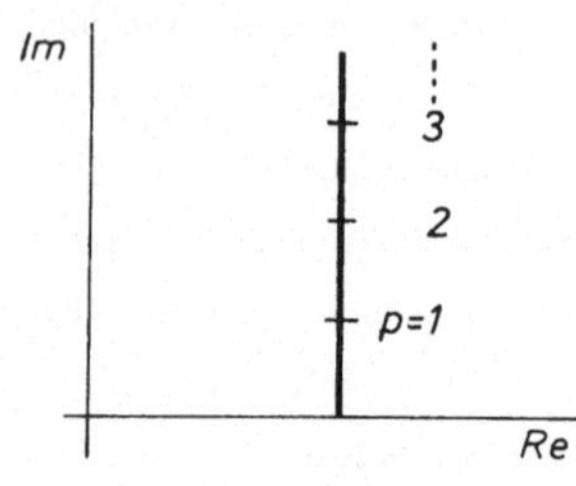

Bild 46 Ortskurve

Produkt eines konstanten Bezugswer-
tes ω_0, L_0 usw. und eines Faktors p
- evtl. auch einer Potenz von p -, der
eine beliebige Zahl sein kann, z.B.
$p\omega_0$, pL_0 usw. Häufig wird dann die
Ortskurve auch nur mit diesem Parameter p beziffert.

Beispiel:

Der Spannungsabfall $\mathfrak{U}$ an der Reihenschaltung des vorigen Beispieles
ist in Abhängigkeit von der parametrisch veränderlichen Kreisfrequenz
$p\omega_0$ in vorstehender Skizze als Ortskurve dargestellt.

$$\mathfrak{U} = R\mathfrak{J} + pj\omega_0 L\mathfrak{J}$$

*Die Ortskurve ist der geometrische Ort aller Werte
einer komplexen Größe (Spitzen der Zeiger oder
Operatoren), die sich entsprechend einer gegebenen
Rechenvorschrift aus mehreren komplexen Größen
zusammensetzt, von denen eine oder mehrere parametrisch veränderlich sind. Die allgemeinste Form
einer Ortskurve wird also durch die Gleichung*

$$\mathfrak{U} = \frac{\mathfrak{A} + p\mathfrak{B} + p^2\mathfrak{C} + \ldots\ldots + p^n\mathfrak{D}}{\mathfrak{P} + p\mathfrak{Q} + p^2\mathfrak{R} + \ldots\ldots + p^m\mathfrak{Z}} \tag{23}$$

*beschrieben, in der p der Parameter und $\mathfrak{A}, \mathfrak{B}, \mathfrak{C}, \ldots$
konstante komplexe Größen sind.*

*Die Ortskurve wird nach den Werten des Parameters p
beziffert, so daß für jeden Wert p die darzustellende Größe nach Betrag und Phasenlage übersichtlich abgelesen werden kann.*

*Die Bedeutung der Ortskurven besteht darin, daß sie
in einer einzigen Darstellung die Abhängigkeit einer
komplexen Größe von einer oder mehreren anderen
komplexen Größen in Betrag und Phasenlage zugleich
aufzeigen.*

3.3.2. Die Inversion komplexer Größen und Ortskurven

Die Inversion einer komplexen Größe, unter der man die Bildung ihres
Kehrwertes versteht, hat in der Elektrotechnik eine besondere Bedeutung. Das wird bereits klar, wenn man bedenkt, daß z.B. der Leitwert
der Kehrwert des Widerstandes ist und umgekehrt, so daß man mit dieser Beziehung die durch das Ohmsche Gesetz ausgedrückten Divisionen
in Multiplikationen überführen kann. Z.B. kann der Quotient $\mathfrak{J} = \mathfrak{A}/\mathfrak{Z}$
nach Inversion des Widerstandes $\mathfrak{Z}$ mit dem Leitwert $\mathfrak{H} = 1/\mathfrak{Z}$ als
Produkt $\mathfrak{J} = \mathfrak{A}\,\mathfrak{H}$ geschrieben werden.

3.3.2.1. Die Inversion einer komplexen Größe

Analytisch läßt sich die Inversion einer komplexen Größe $\mathfrak{Z}$ leicht
durchführen, wenn man sie in der Exponentialform darstellt. Dann er-
gibt sich die zu $\mathfrak{Z} = |\mathfrak{Z}|e^{j\varphi_z}$ inverse Größe $\mathfrak{H}$ zu:

$$\mathcal{Y} = \frac{1}{\mathcal{Z}} = \frac{1}{|\mathcal{Z}|e^{j\varphi_z}} = \left[\frac{1}{|\mathcal{Z}|}\right] e^{-j\varphi_z} = |\mathcal{Y}|e^{j\varphi_y} \; .$$

Die invertierte komplexe Größe liegt spiegelbildlich zur reellen Achse - das Vorzeichen des Phasenwinkels hat sich umgekehrt -, und ihr Betrag ist gleich dem Kehrwert des Betrages der Ausgangsgröße.

Geometrisch läßt sich die Inversion einer komplexen Größe wie folgt deuten.

Wird die zu invertierende komplexe Größe $\mathcal{Z}$ am sogenannten <u>Inversions-kreis</u> - Kreis mit dem Einheitsradius $r_o = 1$ - gespiegelt, so ergibt sich die konjugiert komplexe Größe $\mathcal{Y}^*$ der zu $\mathcal{Z}$ inversen Größe $\mathcal{Y} = 1/\mathcal{Z}$:

$$|\mathcal{Y}^*| = |\mathcal{Y}| = \frac{1}{|\mathcal{Z}|}$$

$$\varphi_{\mathcal{Z}} = \varphi_{\mathcal{Y}^*} = -\varphi_{\mathcal{Y}} \; .$$

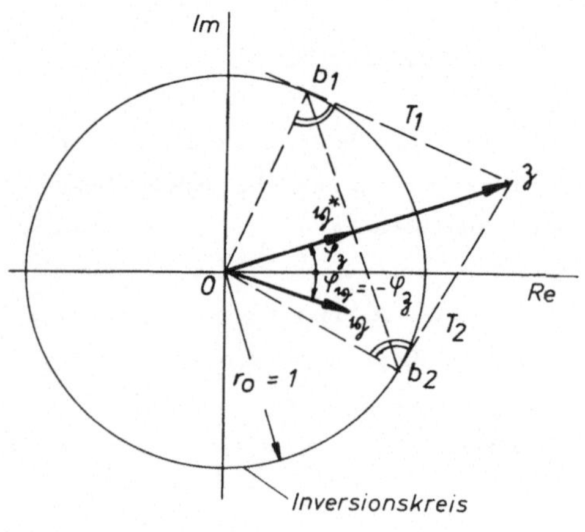

Bild 47 Die Inversion einer komplexen Größe

Die Spiegelung von $\mathcal{Z}$ am Inversionskreis erfolgt, indem von der Spitze $\mathcal{Z}$ ausgehend die beiden Tangenten T_1 und T_2 an den Einheits-kreis gezeichnet werden.

Die durch beide Berührungspunkte festgelegte Sehne b_1-b_2 markiert in ihrem Schnittpunkt mit dem Zeiger $\mathcal{Z}$ die komplexe Größe $\mathcal{Y}^*$. Die Spiegelung von $\mathcal{Y}^*$ an der reellen Achse ergibt dann die zu $\mathcal{Z}$ inverse Größe $\mathcal{Y}$.

Die geometrische Spiegelung einer komplexen Größe am Inversionskreis läßt sich mit Hilfe des Kathetensatzes auch analytisch formulieren. Der Kathetensatz besagt, daß in einem rechtwinkligen Dreieck das Quadrat über einer Kathete gleich ist dem Rechteck, welches aus dem anliegenden Hypotenusenabschnitt (Projektion der Kathete auf die Hypotenuse) und der Hypotenuse gebildet wird. Für das rechtwinklige Dreieck 0, b_1, $\mathfrak{z}$ gilt also

$$r_o^2 = |\mathfrak{z}|\,|\mathfrak{w}^*| = |\mathfrak{z}|\,|\mathfrak{w}| \ , \tag{24}$$

woraus sich mit $r_o = 1$ der Kehrwert zu

$$\frac{1}{|\mathfrak{z}|} = |\mathfrak{w}| = |\mathfrak{w}^*|$$

ergibt.

Unbedingt zu beachten ist, daß durch die Inversion neben dem Zahlenwert auch die Dimension der komplexen Größe verändert werden kann. Z.B. ergibt die Inversion eines Widerstandes einen Leitwert.

Wird eine dimensionsbehaftete Größe invertiert, so ändert sich auch ihre Dimension.

Zur leichten Auswertung graphischer Darstellungen ist es unerläßlich, einen Maßstab zu wählen, der ganzzahligen Längeneinheiten ganzzahlige Einheiten der dargestellten Größe zuordnet. Ändert sich also bei der Inversion einer Größe ihre Dimension und damit im allgemeinen ihre Einheit, so kann es zweckmäßig sein, auch den Maßstab zu ändern, in dem die invertierte Größe dargestellt wird.

Ein Wechsel der Darstellungsmaßstäbe kann bei der graphischen Inversion automatisch erreicht werden, wenn der Radius des Inversionskreises nicht gleich Eins gewählt wird, sondern nach folgender Vorschrift:

Soll der Betrag der $\mathfrak{z}$ -Größe durch eine Länge l, d. h. mit dem Maßstab

$$m_z = \frac{Z\text{-Größe}}{\text{Länge l}} \qquad (25a)$$

und die $\mathfrak{y}$ -Größe mit

$$m_y = \frac{y\text{-Größe}}{\text{Länge l}} \qquad (25b)$$

dargestellt werden, so errechnet sich der Radius des zugehörigen Inversionskreises zu

$$r_o^{\,2} = \frac{1}{m_z \cdot m_y}. \qquad (24a)$$

Die Richtigkeit dieser Beziehung wird klar, wenn man sie in den die Inversionskonstruktion beweisenden Kathetensatz (Gleichung 24) einsetzt und beachtet, daß das Produkt einer Größe mit der zu ihr inversen immer gleich Eins ist.

> Die zur komplexen Größe $\mathfrak{z}$ inverse komplexe Größe
> $\mathfrak{y} = 1/\mathfrak{z}$ wird geometrisch dargestellt, indem
> 1.) der Radius des Inversionskreises nach Gl. (24a)
> aus den für die beiden Größen $\mathfrak{z}$ und $\mathfrak{y}$ gewählten
> Darstellungsmaßstäben [Gl. (25 a und b)] bestimmt
> wird,
> 2.) die Größe $\mathfrak{z}$ an dem Inversionskreis gespiegelt
> wird, was die zu $\mathfrak{y}$ konjugiert komplexe Größe $\mathfrak{y}^*$
> ergibt - $|\mathfrak{y}^*| = 1/|\mathfrak{z}|$; Phasenlage von $\mathfrak{y}^*$ ist gleich
> der von $\mathfrak{z}$ -, und
> 3.) die Größe $\mathfrak{y}^*$ an der reellen Achse gespiegelt
> wird.

3.3.2.2. <u>Die Inversion von Ortskurven</u>

Die Bedeutung der vorstehend beschriebenen geometrischen Beziehungen
kommt erst bei der Inversion von Ortskurven voll zur Geltung. Kennt
man die Ortskurve, die die Abhängigkeit einer komplexen Größe von
einem Parameter angibt, z.B. die Abhängigkeit des komplexen Widerstandes von der Frequenz, und will man die Abhängigkeit des Kehrwertes dieser Größe darstellen, z.B. die des Leitwertes von der Frequenz,
so muß die gegebene Ortskurve invertiert werden. Das könnte man auf
rechnerischem Wege durch punktweise Kehrwertbildung erreichen, was
aber recht mühsam wäre. Aufbauend auf den vorstehend für eine diskrete Größe beschriebenen Inversionsvorschriften, sind deshalb Gesetze
entwickelt worden, nach denen Ortskurven in der Form von Geraden
oder Kreisen geschlossen invertiert werden können. Diese Regeln werden in den folgenden Inversionssätzen zum Ausdruck gebracht.

Wird eine <u>Gerade durch den Nullpunkt</u> $\mathcal{J}_0 = p\,\mathcal{L}$ (siehe 3.3.3.1) invertiert und mit der zu $\mathcal{L}$ konjugiert komplexen Größe $\mathcal{L}^*$ erweitert, so ergibt sich die Gleichung

$$\mathcal{h}_0 = \frac{1}{\mathcal{J}_0} = \frac{1}{p\,\mathcal{L}} = \frac{\mathcal{L}^*}{p\,\mathcal{L}\,\mathcal{L}^*} = \frac{1}{p}\,\frac{\mathcal{L}^*}{|\mathcal{L}|^2} \;,$$

die wiederum eine Gerade durch den Nullpunkt beschreibt. Ihre Bezifferung erfolgt nach dem Kehrwert von p.

Die Inversion einer Geraden durch den Nullpunkt er-
gibt wieder eine Gerade durch den Nullpunkt.

Wird von einer <u>Geraden, die nicht durch den Nullpunkt</u> geht, $\mathcal{J} = \alpha + p\,\mathcal{L}$
(siehe 3.3.3.2), der Kehrwert gebildet, so ergibt sich die Gleichung

$$\mathcal{R}_0 = \frac{1}{\mathcal{J}} = \frac{1}{\alpha + p\,\mathcal{L}} \;,$$

die einen Kreis durch den Nullpunkt beschreibt. Auf den Beweis dieser
Aussage soll hier verzichtet werden.

> *Die Inversion einer Geraden, die nicht durch den*
> *Nullpunkt geht, ergibt einen Kreis durch den Null-*
> *punkt. Dieser Satz ist umkehrbar.*

Ein <u>Kreis in allgemeiner Lage</u>, der also nicht durch den Nullpunkt geht,
wird durch die Gleichung $\mathfrak{K} = (\mathfrak{A} + p\mathfrak{B})/(\mathfrak{L} + p\vartheta)$ beschrieben, wie aus
3. 3. 3. 3 hervorgeht. Bildet man von dieser Gleichung den Kehrwert, so
ergibt sich ein Ausdruck

$$\frac{1}{\mathfrak{K}} = \frac{\mathfrak{L} + p\vartheta}{\mathfrak{A} + p\mathfrak{B}} \, ,$$

der die gleiche Form hat wie die Ausgangsgleichung, d. h. ebenfalls
einen Kreis in allgemeiner Lage beschreibt.

> *Die Inversion eines Kreises, der nicht durch den*
> *Nullpunkt geht, ergibt wieder einen Kreis, der*
> *nicht durch den Nullpunkt geht.*

Für <u>beliebige Kurven</u>, die sich nicht auf Geraden oder Kreise zurück-
führen lassen, können allerdings keine allgemeingültigen Inversions-
sätze angegeben werden. Sie müssen punktweise invertiert werden, was
aber sehr aufwendig werden kann und daher in der Praxis heute kaum
noch geometrisch durchgeführt wird, sondern analytisch unter Einsatz
von Rechenautomaten. Es sei erwähnt, daß dieses zum Teil auch für
einfachere Ortskurven gilt. Trotzdem behalten die geometrischen Betrachtungen der Ortskurven ihre Bedeutung, da sie bei Verzicht auf
quantitative Genauigkeit relativ schnell und mühelos skizziert werden
können und dann in anschaulicher Weise einen sehr guten qualitativen
Überblick über das Verhalten einer Anordnung vermitteln.

3.3.3. Charakteristische Formen der Ortskurven und ihre Konstruktion

3.3.3.1. Die Gerade durch den Nullpunkt

Die einfachste Form einer Ortskurve ist die Gerade durch den Nullpunkt,
die durch die Gleichung

$$\mathcal{Y}_0 = p\,\mathcal{L} \qquad\qquad (26a)$$

beschrieben wird. Die Inversion dieser Geraden ergibt wieder eine
Gerade durch den Nullpunkt, die gemäß Bild 48 folgendermaßen konstruiert wird:

1.) Die Richtung der zu $\mathcal{Y}_0$ inversen Geraden ergibt sich durch Spiegelung an der reellen Achse (Bildung von $\mathcal{Y}_0^{*}$).

2.) Die Bezifferung ergibt sich durch Spiegelung der einzelnen Werte p am Inversionskreis, Inversionskreisdurchmesser wird mit den gewünschten Maßstäben für $\mathcal{Y}_0$ und $1/\mathcal{Y}_0$ (Gl. 25a und b) nach Gl. 24a bestimmt. Die Bezifferung kann aber auch analytisch bestimmt werden aus $|\mathcal{h}_0| = 1/p|\mathcal{L}|$ oder unter Einbeziehung der Maßstäbe aus $|\mathcal{h}_0| = r_0^2/p|\mathcal{L}|$.

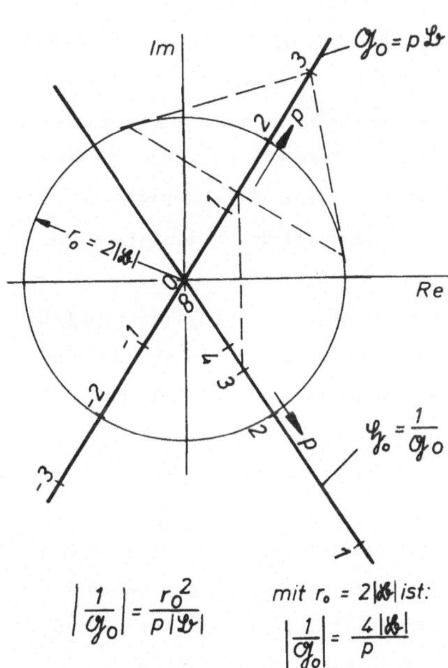

$$\left|\frac{1}{\mathcal{Y}_0}\right| = \frac{r_0^2}{p\,|\mathcal{L}|} \qquad\qquad \text{mit } r_0 = 2|\mathcal{B}| \text{ ist:} \quad \left|\frac{1}{\mathcal{Y}_0}\right| = \frac{4\,|\mathcal{B}|}{p}$$

Bild 48 Die Inversion einer Geraden
durch den Nullpunkt

Wählt man $r_o \neq 1$, so wird die invertierte Größe $\not{z}_o = 1/\mathcal{J}_o$ um den Faktor r_o^2 maßstäblich vergrößert oder verkleinert abgebildet.

3.3.3.2. <u>Die Gerade in allgemeiner Lage</u> und der Kreis durch den Null-punkt

Die Gerade in allgemeiner Lage wird beschrieben durch die Summe zweier komplexer Größen, von denen eine parametrisch mit p veränder-lich ist.

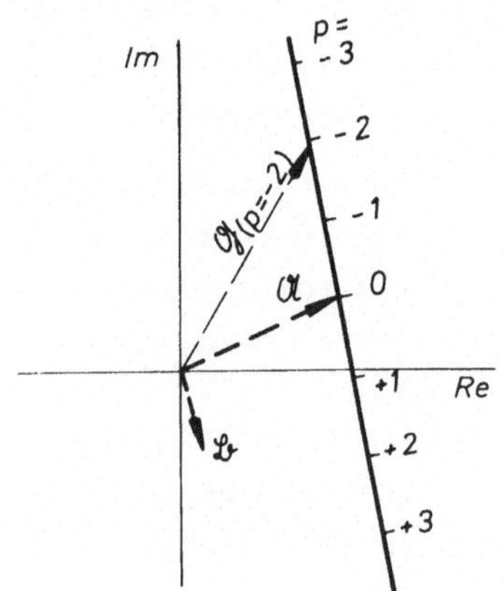

$$\mathcal{J} = \mathcal{O} + p\mathcal{L} \qquad (26b)$$

Die Konstruktion geht aus nebenste-hender Skizze hervor. Wird die Än-derung der variablen komplexen Größe $\mathcal{L}$ nicht durch den Linearfak-tor p beschrieben, sondern durch eine Funktion von p ($\mathcal{J} = \mathcal{O} + f(p)\mathcal{L}$), so ist die Gerade entsprechend die-ser Funktion $f(p)$ zu beziffern.

Bild 49 Die Gerade als Ortskurve

Da die invertierte Gerade allgemeiner Lage einen Kreis durch den Null-punkt darstellt bzw. umgekehrt, sind die im folgenden angegebenen Kon-struktionsvorschriften für die Inversion einer Geraden $\mathcal{J} = \mathcal{O} + p\mathcal{L}$ und die Darstellung eines Kreises durch den Nullpunkt die gleichen.

Für den Kreis durch den Nullpunkt lautet die allgemeine Gleichung

$$\mathcal{K}_o = \frac{1}{\mathcal{J}} = \frac{1}{\mathcal{O} + p\mathcal{L}} \; . \qquad (27a)$$

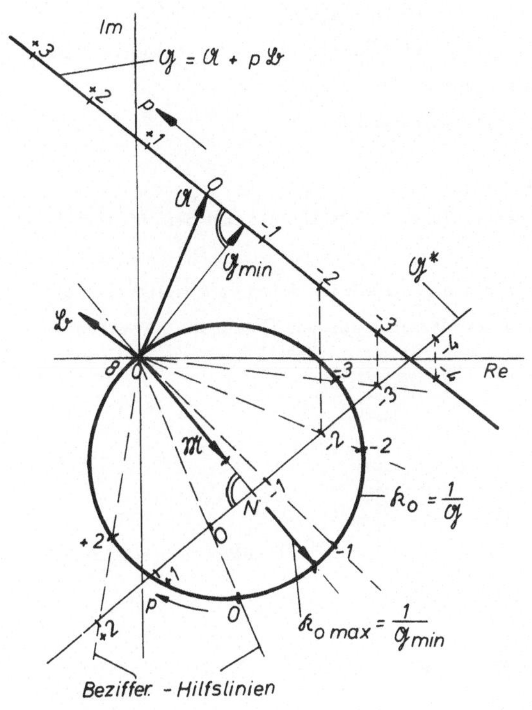

Die Konstruktion beruht auf der Überlegung, daß der kleinste Wert von $\mathcal{J}$, also der senkrechte Abstand $|\mathcal{J}_{min}|$ der Orts-kurve $\mathcal{J}$ bis zum Nullpunkt, gleich ist dem größten Kehr-wert, also dem Kreisdurchmesser $|k_{o\,max}| = 1/|\mathcal{J}_{min}|$. Der Mittelpunkt des Kreises k_o muß demnach mit $\mathcal{J}^*_{min}$ auf der gleichen Geraden liegen. Zweckmäßig wird die Konstruktion nach der in Bild 50 angegebenen Regel ausgeführt.

$$|k_{o\,max}| = \frac{1}{|\mathcal{J}_{min}|}$$

$$|\mathcal{J}_{min}| = m_{\mathcal{J}} \cdot \text{Länge } \overline{ON}$$

$$|k_{o\,max}| = m_k \cdot \text{Kreis } \phi = 2\,|\mathcal{M}| \cdot m_k$$

$$2\,|\mathcal{M}|\,m_k = \frac{1}{\overline{ON} \cdot m_{\mathcal{J}}}$$

$$|\mathcal{M}| = \frac{1}{2 \cdot \overline{ON} \cdot m_{\mathcal{J}}\, m_k}$$

Bild 50 Inversion einer allge-meinen Geraden (Kreis durch den Nullpunkt)

1.) Wahl geeigneter Maßstäbe entsprechend Gl. (25 a und b) für die Darstellung der Geraden ($m_{\mathcal{J}}$) und des Kreises (m_k).

2.) Zeichnen der Nennergeraden $\mathcal{J}$ mit Bezifferung nach p.

3.) Spiegelung von $\mathcal{O}$ an der reellen Achse; ergibt $\mathcal{O}^*$.

4.) Zeichnen der Normalen auf $\mathcal{O}^*$ durch 0; ergibt geometrischen Ort des Kreismittelpunktes $\mathcal{M}$.

5.) Bestimmung des Betrages von $\mathcal{M}$:

$$|\mathcal{M}| = \frac{1}{2\,\overline{ON}}\;\frac{1}{m_{\mathcal{R}}\;m_{\mathcal{O}}}\;.$$

6.) Zeichnen des Kreises durch den Nullpunkt mit dem Mittel-punkt $\mathcal{M}$.

7.) Zeichnen der Bezifferungshilfslinien für p vom Nullpunkt durch $\mathcal{O}^*$ und Übertragen der Bezifferung von $\mathcal{O}^*$ auf die Kreisschnitt-punkte.

Eine Gleichung der Form

$$\mathcal{R}_0' = \frac{\mathcal{L}}{\mathcal{O} + p\mathcal{L}}$$

beschreibt ebenfalls einen Kreis durch den Nullpunkt, da sie ja in der allgemeinen Gleichung (27) enthalten ist:

$$\mathcal{R}_0' = \frac{1}{\mathcal{O}/\mathcal{L} + p\mathcal{L}/\mathcal{L}} = \frac{1}{\vartheta + p\mathcal{E}}\;.$$

Die Konstruktion erfolgt durch Inversion der allgemeinen Geraden
$\mathcal{O}' = \vartheta + p\mathcal{E} = \mathcal{O}/\mathcal{L} + p\mathcal{L}/\mathcal{L}\;.$

Man kann den Kreis $\mathcal{R}_0' = \mathcal{L}/(\mathcal{O} + p\mathcal{L})$ natürlich auch von $\mathcal{R}_0 = 1/(\mathcal{O} + p\mathcal{L})$ ableiten, indem $\mathcal{R}_0$ um den Faktor $|\mathcal{L}|$ vergrößert oder verkleinert ("gestreckt") sowie um den Phasenwinkel von $\mathcal{L}$ gedreht, d.h. entspre-chend der Multiplikation mit $\mathcal{L}$ "drehgestreckt", wird. Den Mittelpunkt dieses Kreises gewinnt man demzufolge durch die Drehstreckung

$$\mathcal{M}' = \mathcal{L}\,\mathcal{M}$$

und die Bezifferungsgerade $\mathcal{O}^{*\,'}$ durch Drehung der Geraden $\mathcal{O}^*$ um den Winkel von $\mathcal{L}$.

3. 3. 3. 3. <u>Der Kreis in allgemeiner Lage</u>

Den Kreis in allgemeiner Lage erhält man, indem man den Kreis durch den Nullpunkt um einen bestimmten Betrag in eine bestimmte Richtung verschiebt, was mathematisch durch die Addition einer konstanten komplexen Größe zur Kreisgleichung zum Ausdruck gebracht wird.

Die allgemeine Gleichung eines solchen Kreises lautet

$$\mathfrak{K} = \frac{\mathfrak{a} + p\mathfrak{L}}{\mathfrak{L} + p\vartheta} \cdot \qquad\qquad (27b)$$

Führt man die Division aus

$$(p\mathfrak{L} + \mathfrak{a} \qquad) : (p\vartheta + \mathfrak{L}) = \mathfrak{L}/\vartheta \quad Rest\ \mathfrak{a} - \mathfrak{L}\mathfrak{L}/\vartheta,$$
$$\frac{-(p\mathfrak{L} \qquad + \mathfrak{L}\mathfrak{L}/\vartheta)}{\mathfrak{a} - \mathfrak{L}\mathfrak{L}/\vartheta}$$

so erhält man einen Ausdruck, der sich offensichtlich deuten läßt als einen Kreis $\mathfrak{K}_0$ durch den Nullpunkt, der drehgestreckt und aus Null verschoben ist, also als einen Kreis allgemeiner Lage:

$$\mathfrak{K} = \frac{\mathfrak{L}}{\vartheta} + (\mathfrak{a} - \mathfrak{L}\frac{\mathfrak{L}}{\vartheta})\frac{1}{\mathfrak{L} + p\vartheta} \cdot$$

invertierte Gerade, also Kreis $\mathfrak{K}_0$ durch Null

Multiplikation von $\mathfrak{K}_0$ mit komplexer Größe, also Drehstreckung des Kreises durch Null

Addition einer komplexen Größe, also Verschiebung des drehgestreckten Kreises

Der durch $\mathfrak{K}$ beschriebene Kreis allgemeiner Lage kann nach folgender Regel ohne Schwierigkeiten konstruiert werden.

1.) Konstruktion von $\mathfrak{K}_0 = 1/(\mathfrak{L} + p\vartheta)$ durch Inversion der Geraden $\mathfrak{g} = \mathfrak{L} + p\vartheta$ entsprechend 3.3.3.2 in der Ebene I (Bild 51).

2.) Drehstreckung des Kreises $\mathfrak{K}_o$ entsprechend dem Faktor $(\mathfrak{A}-\mathcal{L}\,\mathcal{L}/\vartheta)$ erfolgt, indem der Mittelpunkt $\mathfrak{M}$ des Kreises $\mathfrak{K}_o$ um den Phasenwinkel von $(\mathfrak{A}-\mathcal{L}\,\mathcal{L}/\vartheta)$ gedreht und um den Faktor $|\mathfrak{A}-\mathcal{L}\,\mathcal{L}/\vartheta|$ verlängert wird.

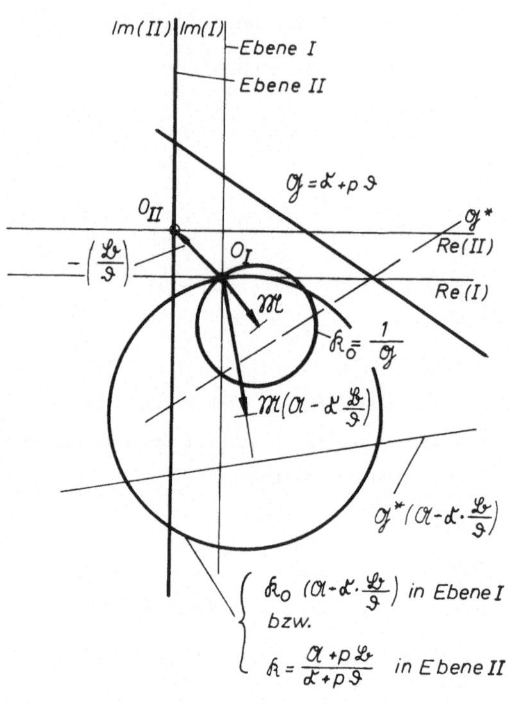

2.1.) Bezifferungsgerade $\mathfrak{Y}^*$ wird um den Phasenwinkel von $(\mathfrak{A}-\mathcal{L}\,\mathcal{L}/\vartheta)$ gedreht und die Bezifferung auf den Kreis übertragen.

3.) Addition von $\mathcal{L}/\vartheta$ durch Verschiebung der komplexen Bezugsebene um $(-\mathcal{L}/\vartheta)$ (Ebene I→II).

Bild 51 Der Kreis in allgemeiner Lage als Ortskurve

Die <u>Inversion eines Kreises allgemeiner Lage</u> ergibt wieder einen Kreis allgemeiner Lage. Die Konstruktion läßt sich relativ einfach nach folgender Regel durchführen:

1.) An den zu invertierenden Kreis $\mathfrak{K}$ werden vom Nullpunkt aus Tangenten τ_1, τ_2 gezogen und an der reellen Achse gespiegelt.

2.) Der invertierte Kreis $\mathfrak{K}_i = 1/\mathfrak{K}$ liegt zwischen den gespiegelten Tangenten τ_1, τ_2, d.h., sein Mittelpunkt liegt auf der den Win-

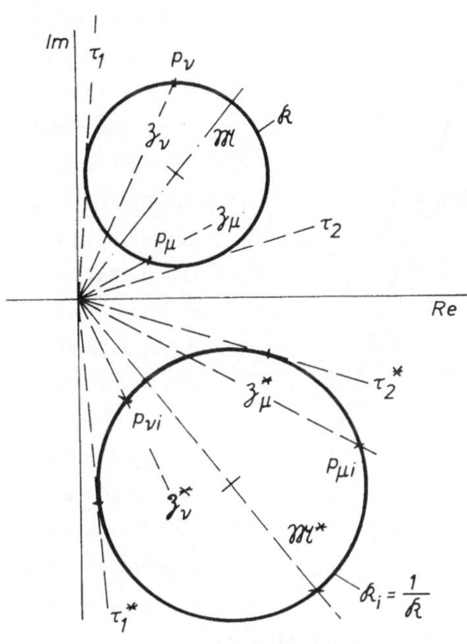

Bild 52 Die Inversion eines Kreises all-
gemeiner Lage (für $m_{\mathfrak{K}_i} = m_{\mathfrak{K}} = 1$)

kel zwischen den Tangenten halbie-renden Geraden.

3.) Den Durchmesser bestimmen der Maximal- und Minimalwert von $\mathfrak{K}_i$, die gleich sind den Kehrwerten des Minimal- bzw. Maximalwertes des Ausgangskreises $\mathfrak{K}$, dividiert durch das Produkt der Maßstabsfaktoren

$$|\mathfrak{K}_{i\,max}| = \frac{1}{|\mathfrak{K}_{min}| m_{\mathfrak{K}_i} m_{\mathfrak{K}}}$$

$$|\mathfrak{K}_{i\,min}| = \frac{1}{|\mathfrak{K}_{max}| m_{\mathfrak{K}_i} m_{\mathfrak{K}}}.$$

4.) Zur Bezifferung von $\mathfrak{K}_i$ werden die vom Nullpunkt zu den p-Punkten auf $\mathfrak{K}$ (Zeiger z) gezogenen Geraden an der reellen Achse gespiegelt. Auf diesen Geraden liegen die zu z inversen Größen z_i, und zwar entspricht der kürzeren Größe z_ν die längere $z_{i\nu}^*$ und umgekehrt.

Häufig läßt sich ein <u>Kreis als Ortskurve</u> relativ einfach <u>aus drei Orts-</u><u>kurvenpunkten</u> wie folgt konstruieren:

1.) In der komplexen Ebene werden durch die Wahl dreier Parameter $p = 0$, $p = \infty$ und $p = p_1$ (meistens $p = 1$) drei Ortskurvenpunkte für $\mathfrak{K}$ festgelegt.

2.) Auf den Verbindungslinien 0 - 1 und 1 - ∞ (Kreissehnen) werden die

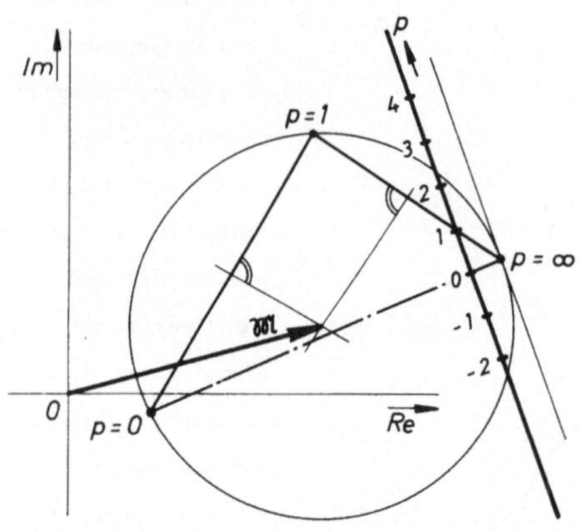

Bild 53 Konstruktion eines Kreises aus
drei Ortskurvenpunkten

Mittelsenkrechten gezeichnet, in deren Schnittpunkt der Kreismittelpunkt M liegt.

3.) Die Bezifferungsgerade wird parallel zur Kreistangente im Punkt $p = \infty$ gezeichnet (darf nicht durch $p = \infty$ gehen). Ihre <u>lineare Bezifferung</u> ergibt sich nach Richtung und Maßstab durch die Schnittpunkte der von $p = \infty$ nach $p = 0$ und $p = 1$ gezeichneten Strahlen.

3.3.3.4. <u>Ortskurven höherer Ordnung</u>

Wird in einer Gleichung die parametrisch veränderliche komplexe Größe nicht linear, sondern in höherer Ordnung mit p verändert, so wird die ihr entsprechende Kurve in der komplexen Ebene als Ortskurve höherer Ordnung bezeichnet.

3.3.3.4.1. <u>Die Parabel als Ortskurve</u>

Die einfachste Ortskurve höherer Ordnung ist die <u>Parabel</u> durch den

<u>Nullpunkt,</u> die durch die allgemeine Gleichung

$$\mathcal{P}_o = p\,\mathcal{A} + p^2 \mathcal{B} \qquad\qquad (28a)$$

beschrieben wird. Ihre Konstruktion kann Bild 54 entnommen werden.

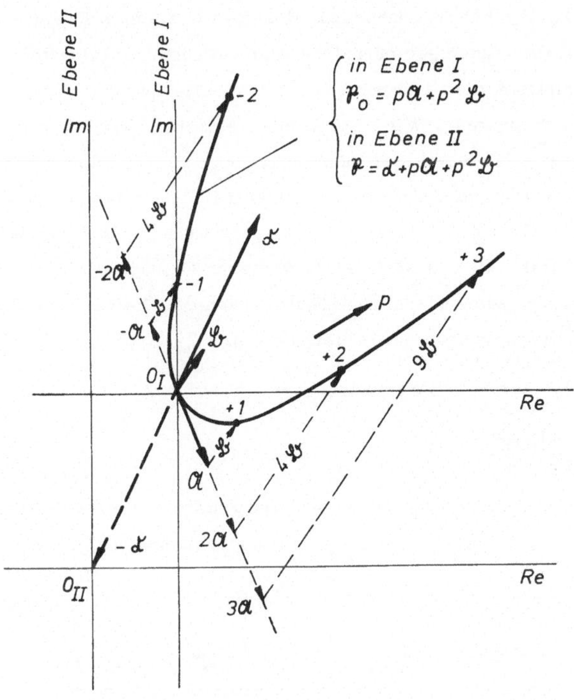

Bild 54 Die Parabel als Ortskurve

<u>Eine Parabel, die aus dem Nullpunkt verschoben</u> ist, wird mit obiger Gleichung beschrieben, wenn zusätzlich eine konstante komplexe Größe addiert wird:

$$\mathcal{P} = \mathcal{L} + p\,\mathcal{A} + p^2 \mathcal{B} \; . \qquad\qquad (28b)$$

Sie wird, wie aus Bild 54 zu ersehen, in einer Ebene II dargestellt, die gegenüber der komplexen Ebene I, in der $\mathfrak{P}_0$ liegt, um die komplexe Größe $-\mathfrak{C}$ verschoben ist.

3. 3. 3. 4. 2. <u>Ortskurven höherer Ordnung allgemein</u>

Für Ortskurven höherer Ordnung, deren allgemeinste Form in Gl. (23) angegeben ist, haben geometrische Konstruktionsvorschriften wegen ihrer Kompliziertheit und der zeitraubenden graphischen Arbeit keine praktische Bedeutung. Wie schon früher erwähnt, wird man im Zeit- alter immer preiswerter werdender maschineller Rechenmöglichkeiten solche Kurven ökonomischer punktweise berechnen lassen. Eine für den qualitativen Einblick anschauliche, zweckmäßig als Handskizze ent- worfene Ortskurve läßt sich bei einfacheren Ortskurven höherer Ordnung vielfach noch geometrisch entwickeln, wenn die Gleichung in Summanden aufgelöst wird, wie folgendes Beispiel zeigt:

Soll die Ortskurve dritter Ordnung

$$\gamma = \frac{\mathfrak{A} + p\,\mathfrak{B} + p^2\mathfrak{C}}{\vartheta + p\,\mathfrak{E}}$$

geometrisch entworfen werden, so wird zunächst die algebraische Division ausgeführt, so daß ein leicht überschaubarer Summenausdruck entsteht.

$$\gamma = \underbrace{\frac{\mathfrak{B} - (\mathfrak{C}/\mathfrak{E})\vartheta}{\mathfrak{E}}}_{(4)} + \underbrace{p\,\frac{\mathfrak{C}}{\mathfrak{E}}}_{(3)} + \underbrace{\left[\mathfrak{A} - \vartheta\,\frac{\mathfrak{B} - (\mathfrak{C}/\mathfrak{E})\vartheta}{\mathfrak{E}}\right]}_{(2)}\underbrace{\frac{1}{\vartheta + p\,\mathfrak{E}}}_{(1)}$$

(1) Invertierte Gerade ergibt Kreis durch Null.

(2) Multiplikation mit konstanter komplexer Größe ergibt einen drehge- streckten Kreis $\mathfrak{K}_0$ durch Null.

(3) Überlagerung des Kreises $\mathfrak{K}_0$ und einer Geraden durch Null, d. h. eine von p abhängige Verschiebung aus Null (ergibt gleichzeitig eine geometrische Verformung des Kreises).

(4) Eine zusätzliche konstante Verschiebung.

3.3.3.5. <u>Ortskurvenscharen</u>

Soll eine komplexe Größe nicht nur in Abhängigkeit von einer, sondern von mehreren parametrisch veränderlichen komplexen Größen dargestellt werden, so ergeben sich natürlich mehrere Ortskurven, man spricht von <u>Scharendiagrammen</u> oder <u>Ortskurvenscharen</u>. Es können alle bisher für einen Parameter aufgeführten Betrachtungen übernommen werden, wenn nacheinander alle Parameter bis auf je einen konstant angenommen werden und für diesen jeweils eine Ortskurve gezeichnet wird.

3.4. <u>Amplituden - Phasenwinkel-Diagramm</u>

Sinusgrößen einer bestimmten Frequenz werden durch zwei Größen - Amplitude und Phasenlage - eindeutig bestimmt. Nur in der komplexen Ebene können <u>beide</u> Werte in <u>einer</u> Darstellung erfaßt werden. Darin liegt der große Vorteil der Ortskurvendarstellung, daß sie in <u>einer</u> Kurve gleichzeitig die Abhängigkeit der Amplitude und der Phasenlage einer komplexen Größe von einer anderen parametrisch veränderlichen Größe aufzeigt. Nachteilig ist ihr häufig komplizierter und aufwendiger Entwurf.

Will man die Abhängigkeit der beiden Bestimmungswerte einer komplexen Größe von dem variablen Parameter in reellen Koordinatensystemen darstellen, so sind dazu zwei Kurven notwendig, eine für die Amplitude und eine zweite für den Phasenwinkel. Sie werden häufig in getrennten Koordinatensystemen als Funktion der beiden gemeinsamen Veränderlichen dargestellt, man spricht von <u>Amplitudendiagrammen</u> $A = f(x)$ und <u>Phasenwinkeldiagrammen</u> $\varphi = f(x)$.

Die Aussagen von Ortskurven lassen sich auch in zwei getrennten Diagrammen - dem Amplituden- und dem

Phasenwinkeldiagramm - mit reellen Zahlen darstel-
len. Die Wahl der einen oder anderen Darstellungs-
art erfolgt allein nach der Zweckmäßigkeit.

Liegt eine Ortskurve vor, werden punktweise Amplitude und Phasenwinkel abgelesen und in zwei Diagrammen über der veränderlichen
Größe aufgetragen, wie z.B. in Bild 55 angedeutet.

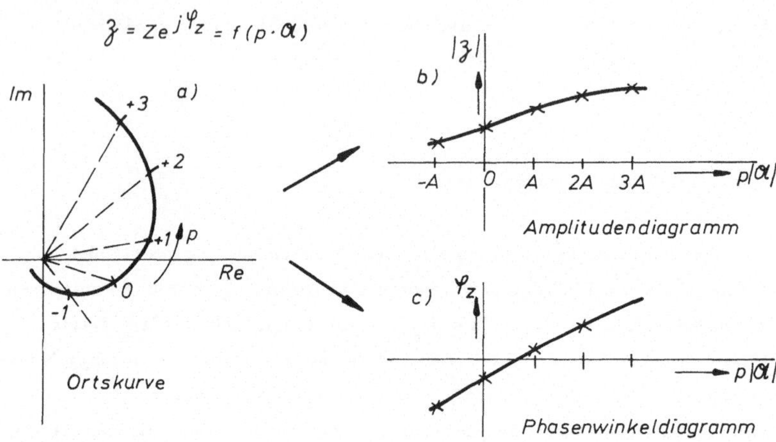

Bild 55 Übertragung einer Ortskurvendarstellung (a) in ein Amplituden-
(b) und Phasenwinkeldiagramm (c)

In den meisten Fällen werden aber die Amplituden- und Phasenwinkel-
diagramme unmittelbar aus den gegebenen analytischen Ausdrücken entwickelt, sei es, weil ihre Erstellung zweckmäßiger ist als die der Ortskurven, z.B. weil nur einer der beiden kennzeichnenden Werte - Amplitude oder Phasenlage - betrachtet werden soll oder weil in dem gegebenen Fall die Darstellung in Amplituden- und Phasenwinkeldiagrammen
gebräuchlicher ist als die in Ortskurven. In diesen Fällen wird die darzustellende Gleichung $\mathfrak{Z}$ (p) z.B. in zwei reelle Gleichungen aufgelöst
$[\mathfrak{Z}(p) \longrightarrow \mathrm{Re}\, \mathfrak{Z}(p) \quad ; \quad \mathrm{Im}\, \mathfrak{Z}(p)]$, aus denen die beiden darzustellenden

reellen Größen Amplitude $|\mathfrak{Z}(p)| = \sqrt{[\text{Re } \mathfrak{Z}(p)]^2 + [\text{Im } \mathfrak{Z}(p)]^2}$ und Pha-
senwinkel $\varphi_{\mathfrak{Z}}(p) = \arctan [\text{Im } \mathfrak{Z}(p)] / [\text{Re } \mathfrak{Z}(p)]$ eindeutig bestimmt werden können. Beide Größen werden dann in üblicher Weise in einem reel-
len Koordinatensystem über der parametrisch mit p veränderlichen
Größe aufgetragen.

4. Schwingkreis

4.1. Wesen und Erscheinungsformen von Schwingungen

Im allgemeinen Sprachgebrauch ist es üblich, alle periodisch verlaufenden Vorgänge als Schwingungen zu bezeichnen. Man spricht z.B. bei
einer Spannung, deren Augenblickswerte sich sinusförmig ändern, auch
von einer Sinusschwingung. Vom physikalischen Standpunkt aus ist diese
Bezeichnung jedoch nicht korrekt, da nicht jeder sich periodisch wiederholende Vorgang auch eine Schwingung im physikalischen Sinne ist. Man
würde demnach bei der Spannung, die von einem sinusförmig verlaufenden Strom an einem ohmschen Widerstand hervorgerufen wird, wohl von
einem periodischen Vorgang sprechen dürfen, nicht aber von einer
Schwingung. Enthält dagegen ein Stromkreis auch Kapazitäten und Induktivitäten, d.h. Energiespeicher verschiedener Energieformen, so sind
die auftretenden periodischen Vorgänge als Schwingungen aufzufassen.
Besonders anschaulich kann dieser Unterschied an mechanischen Gegebenheiten aufgezeigt werden.

Wird z.B. eine Masse über einen Kurbeltrieb auf einer Ebene hin und
her bewegt (Bild 56a), so handelt es sich lediglich um eine periodische
Bewegung, nicht aber um eine Schwingung. Wird dagegen eine federnd
aufgehängte Masse (Bild 56b) ausgelenkt und losgelassen, so führt sie
ähnlich periodische Bewegungen aus wie die Masse in a, jedoch handelt
es sich bei diesem periodischen Bewegungsvorgang um eine Schwingung

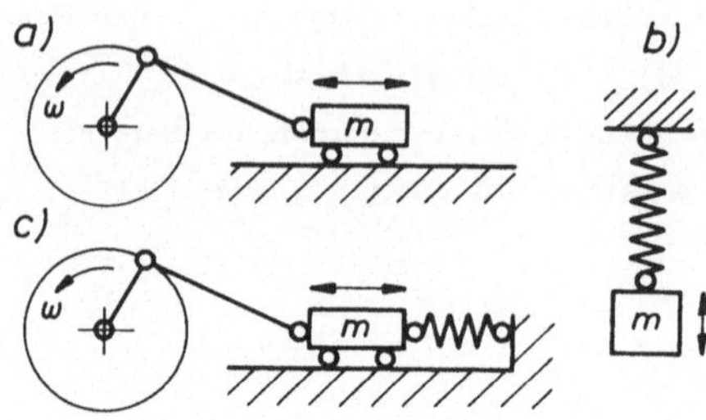

Bild 56 Periodische Vorgänge
a) periodische Bewegung
b) und c) periodische Schwingungen

im physikalischen Sinne. Auch bei der in Abbildung 56 c skizzierten Anordnung, bei der die über den Kurbeltrieb periodisch bewegte Masse nicht frei beweglich auf der Ebene angeordnet ist, sondern über eine Feder gehalten wird, handelt es sich um einen Schwingungsvorgang. Die in den Abbildungen b) und c) dargestellten Schwingungsvorgänge unterscheiden sich lediglich dadurch, daß die periodische Bewegung bei der Anordnung b) ohne äußeren Zwang erfolgt - man spricht von <u>freien Schwingungen</u> -, während sie im Falle c) über den Kurbeltrieb, d. h. durch äußere Kräfte, erzwungen wird - man spricht von <u>erzwungenen Schwingungen</u> -.

Schwingungen sind durch periodische Vorgänge gekennzeichnet, nicht jeder periodische Vorgang ist dagegen auch eine Schwingung.

Um das Wesen einer Schwingung genauer zu charakterisieren, sei der besonders einfache und anschauliche Feder-Masse-Schwinger (Bild 57) betrachtet.

Wird die federnd mit einem starren Punkt verbundene Masse m um $\hat{x}$ aus ihrer Nullage (0) verschoben, so ist dazu eine Kraft erforderlich, die der Federkraft cx, die die Masse in ihre Nullage zurückzuholen versucht, das Gleichgewicht hält. Dem Feder-Masse-System wird dabei von außen eine Arbeit zugeführt, die gleich ist dem Produkt Kraft mal Weg. Diese Arbeit wird in der Feder als potentielle Energie, d. h. als

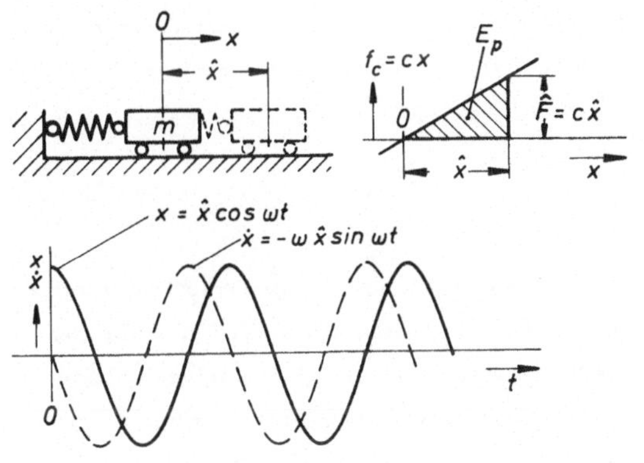

Bild 57 Schwingungsvorgang eines Feder-
Masse-Systems

Formänderungs-
arbeit, gespeichert.
Wächst die Feder-
kraft, wie in Bild 57
dargestellt, linear
mit der Auslenkung,
so beträgt die po-
tentielle Energie
nach Auslenkung
der Masse um $\hat{x}$

$$E_p = c\,\frac{\hat{x}^2}{2}\ .$$

Gibt man die Masse
zum Zeitpunkt $t = 0$
frei, so wird sie

durch die Federkraft in Richtung auf die Nullage zu beschleunigt. Sie er-
fährt also eine Geschwindigkeit, die von Null in der Ausgangslage bis
zum Maximum in der Nullage anwächst. Hier hat die Feder die durch die
Auslenkung gespeicherte potentielle Energie wieder vollständig abgegeben, und sie muß entsprechend dem Energieerhaltungssatz bei nicht vor-
handener Reibung vollständig in die kinetische Energie der Masse

$$E_k = m\,\frac{\hat{\dot{x}}^2}{2}$$

überführt sein. Da sich die Energie nicht unstetig ändern kann, bewegt
sich die Masse mit dieser Geschwindigkeit über die Nullage hinaus weiter, und die Feder wird in umgekehrter Richtung ausgelenkt. Die Masse
wird wieder verzögert und die kinetische Energie wieder in potentielle
überführt. Wie man leicht einsieht, wiederholt sich dieser Vorgang des
Energieaustausches periodisch, und es treten abwechselnd äquivalente
Maximalwerte der Federauslenkung und der Geschwindigkeit der Masse

auf, solange keine irreversible Energieumwandlung, z.B. durch Reibung, stattfindet. Ist die maximale Auslenkung der Feder $\hat{x}$ bekannt, so erhält man durch Gleichsetzen der potentiellen und kinetischen Energie die maximale Geschwindigkeit $\hat{\dot{x}}$ der Masse zu

$$\hat{\dot{x}} = \hat{x}\sqrt{\frac{c}{m}} \; .$$

Es ist nun charakteristisch für einen Schwinger mit linearer Federkennlinie, daß der zeitliche Ablauf der Schwingung nach einer Sinusfunktion erfolgt, deren Frequenz f nicht von der Größe des Ausschlages abhängt, sondern allein von den konstruktiven Eigenschaften des Schwingers, also der Größe der Masse und der Steifheit der Feder. Das wird auch mathematisch klar bei der Ableitung der Bestimmungsgleichung für diese Frequenz f, die sogenannte Eigenfrequenz. Man gewinnt sie aus der Differentialgleichung für die Augenblickswerte des Schwingungsverlaufes (siehe Tafel 6) oder durch Gleichsetzen der Maximalwerte beider Energieformen. In dem betrachteten Beispiel muß die potentielle Energie der Feder bei Maximalausschlag $\hat{x}$ gleich sein der kinetischen Energie der Masse bei maximaler Geschwindigkeit $\hat{\dot{x}} = \hat{x}\omega$ im Nulldurchgang.

$$c\,\frac{\hat{x}^2}{2} = m\,\frac{(\omega\hat{x})^2}{2}$$

Man erkennt, daß sich die Auslenkung $\hat{x}$ aus der Gleichung herauskürzt, so daß die Eigenfrequenz

$$f = \frac{\omega}{2\pi} = \frac{1}{2\pi}\sqrt{\frac{c}{m}}$$

allein durch Federsteife c und Masse m bestimmt wird.

Die vorstehend beispielhaft an einem mechanischen Schwinger aufgezeigten Eigenschaften können verallgemeinert werden, um Schwingungen im physikalischen Sinne zu charakterisieren. Danach ist eine Anordnung immer dann schwingungsfähig, wenn bestimmte veränderliche Zustände über Rückstellkräfte an eine Nullage gebunden sind. Eine Masse wird z.B. schwingungsfähig, wenn sie durch die Rückstellkräfte einer Feder nach jedem Ausschlag in die Nullage zurückgeführt wird. In elektrischen Schwingkreisen sind diese Rückstellkräfte allerdings nicht so deutlich erkennbar, da sie in Form elektrischer Spannungen auftreten, die als Kräfte auf die Ladungsträger wirken.

Einfacher läßt sich das Kriterium für das Auftreten einer Schwingung über die Energie formulieren.

Das wesentliche Kennzeichen einer Schwingung ist nicht die periodische Wiederholung gleicher Zustände, sondern ein wiederholter, wechselseitiger Energieaustausch zwischen zwei oder mehreren Speichern verschiedener Energieformen.

Der Austausch der Energie zwischen den Energiespeichern erfolgt bei mechanischen Schwingern durch bewegte Kräfte. In elektrischen Schwingkreisen sind bewegte Ladungsträger, auf die elektrische oder magnetische Kräfte einwirken, die Energieträger, also letztlich auch bewegte Kräfte.

Praktisch ist dieser Energieaustausch eines Schwingungsvorganges immer mit Verlusten verbunden, z.B. treten bei schwingenden Feder-Masse-Systemen Energieverluste durch Reibungskräfte auf, bei elektrischen Schwingkreisen durch Verluste in den ohmschen Leiterwiderständen und den Trägern der elektrischen und magnetischen Felder. Den Umspeichervorgängen wird dadurch laufend Energie entzogen, die irreversibel in Wärme umgewandelt wird.

Die den Maximalwerten der potentiellen und kinetischen Energien entsprechenden Maximalwerte von Ausschlag und Geschwindigkeit werden damit ebenfalls von Periode zu Periode kleiner, wie dieses in Bild 58 skizziert ist. Man bezeichnet einen solchen Verlauf als <u>gedämpfte Schwingung</u>.

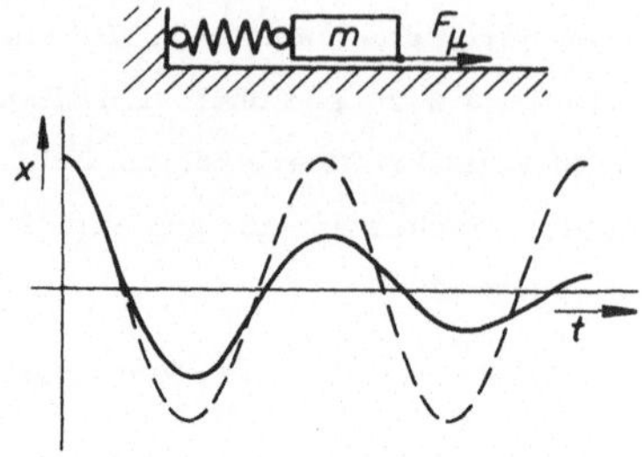

Bild 58 Gedämpfte
Schwingung

Schwingungen, bei denen die Energieumspeicher-
vorgänge mit Verlusten, d.h. mit irreversiblen
Energieumwandlungen verbunden sind, werden als
gedämpfte Schwingungen bezeichnet.

Hinsichtlich ihrer Anregung werden Schwingungen in zwei Hauptgruppen,
die freien und die erzwungenen Schwingungen, unterteilt.

Eine freie Schwingung tritt in einem sich selbst überlassenen Schwingungssystem auf, also in einem System, in welchem die Schwingung
durch die einmalige Einleitung eines Energiebetrages angestoßen wird,
dann aber ohne jede äußere Beeinflussung weiterläuft. Sind keine Dämpfungen vorhanden, so verläuft die Schwingung mit konstanten Amplituden,
die dem Maximalwert der eingeleiteten Energie entsprechen. Treten dagegen Dämpfungen auf, so hält die Schwingung mit abklingenden Amplituden nur solange an, bis die gesamte eingeleitete Energie in den Dämp-
fungsgliedern irreversibel umgewandelt ist.

Von einer freien Schwingung spricht man, wenn in
einem System die Energiependelung zwischen den
Speichern selbständig abläuft, also nicht von
außen her beeinflußt wird. Der zeitliche Rhythmus
der Energiependelung, als Eigenfrequenz der freien
Schwingung bezeichnet, ist nur abhängig von den

konstruktiven Gegebenheiten des Schwingsystems,
d.h. den Größen der Energiespeicher und der Dämpfung.

Da sich die Eigenfrequenz allein aus den konstruktiven Daten des
Schwingungssystems ergibt, kann man umgekehrt auch folgern, daß mit
der Eigenfrequenz bestimmte charakteristische Eigenschaften des
Schwingkreises beschrieben werden können, wovon im folgenden Gebrauch gemacht wird. Auf nähere Einzelheiten der freien Schwingung
soll im Rahmen der Wechselstrombetrachtungen dagegen nicht eingegangen werden, sondern erst bei der Behandlung der Ausgleichsvor-
gänge.

Von einer <u>erzwungenen Schwingung</u> spricht man, wenn der Vorgang
durch eine von außen eingeprägte Wirkung gesteuert abläuft. Es liegt
dabei in der Natur der Schwingungen, daß diese Wirkung keine zeitlich
konstante Größe, sondern eine Wechselgröße sein muß. Der Bewegungsvorgang des Feder-Masse-Schwingers in Bild 56 c z.B. wird durch die
Drehung des Kurbeltriebes geführt und läuft unabhängig von der Eigenfrequenz des Systems mit der dieser Drehung entsprechenden Frequenz
ab. Die von außen einwirkende den Schwingungsrythmus bestimmende
Größe wird als <u>Erregergröße</u> bezeichnet.

Die in einem Schwingungssystem durch eine ein-
geprägte periodische Wirkung hervorgerufene
Schwingung wird als erzwungene Schwingung be-
zeichnet. Ihre Frequenz ist gleich der Frequenz
der Erregergröße.

Die Amplituden und Phasenlagen der erzwungenen Schwingungsvorgänge
sind außer von der Erregergröße in einem starken Maße von den konstruktiven Gegebenheiten des Schwingkreises abhängig und können nur
aus den den Schwingungsvorgang beschreibenden Differentialgleichungen
abgeleitet werden, was in den folgenden Abschnitten geschehen soll.

4. 2. <u>Der einfache Schwingkreis</u>

Ein schwingungsfähiges System muß entsprechend dem Wesen der
Schwingung aus mindestens zwei Energiespeichern für verschiedene
Energieformen bestehen. Von praktischer Bedeutung sind vor allem die
mechanischen und elektrischen Schwinger, für die es ihrem grundsätz-
lichen Wesen nach nur zwei verschiedene Arten von Energiespeichern
gibt, nämlich:

<u>Statische Energiespeicher</u>, deren Energieinhalt als potentielle
Energie bezeichnet wird, und

<u>dynamische Energiespeicher</u> für kinetische Energie.

Die in diesen beiden Gruppen auftretenden mechanischen und elektrischen
Größen der Speicher, der Energieträger und des Energieinhaltes sind in
Tafel 5 zusammengestellt, so daß ihre mathematische und physikalische
Analogie ohne weitere Erklärung deutlich wird. Erwähnt sei, daß die für
translatorische Bewegungen angegebenen mechanischen Größen gleicher-
maßen für rotatorische Bewegungen gelten, wenn man x als Drehwinkel,
F als Drehmoment, c_{mech} als Drehfedersteife und m als Massenträg-
heitsmoment auffaßt.

4. 2. 1. <u>Freie Schwingungen</u>

Das einfachste Schwingungssystem besteht aus einem dynamischen und
einem statischen Energiespeicher, die bei mechanischen Schwingkreisen
durch Wellen, Gestänge usw., bei elektrischen durch Leitungen, so
miteinander verbunden sind, daß ein Energieaustausch zwischen beiden
Speichern möglich ist. In Tafel 6 sind ein mechanischer und ein elektrischer Schwingkreis, bestehend aus je zwei Energiespeichern, dargestellt. Für beide können die den Energieaustausch bewirkenden zeitlichen
Änderungen bzw. Bewegungen der Energieträger durch eine Differential-

		mechanisch	elektrisch
Reversible Energieumwandlung	**Statische Speicher**		
		Energiespeicher Feder $$c_{mech.} = \frac{Kraft}{Weg}$$	Kondensator $$\frac{1}{C} = \frac{Spannung}{Ladung}$$
		Potentielle Energie Formänderungsarbeit $$E_p = c_{mech.}\,\frac{x^2}{2}$$	elektrische Feldenergie $$E_p = (1/C)\frac{q^2}{2}$$
		Energieträger Ausschlag x Federkraft $$f_c = \frac{dE_p}{dx} = x\,c_{mech.}$$	Ladung q Kondensatorspannung $$u_C = \frac{dE_p}{dq} = \frac{q}{C}$$
	Dynamische Speicher	Energiespeicher Masse $$m = \frac{Impuls}{Geschwindigkeit}$$	Induktivität $$L = \frac{Fluß}{Strom}$$
		Kinetische Energie $$E_k = m\,\frac{v^2}{2}$$	magnetische Feldenergie $$E_k = L\,\frac{i^2}{2}$$
		Geschwindigkeit $v = dx/dt$ Energieträger Trägheitskraft $$f_m = m\,\frac{dv}{dt}$$	Strom $i = dq/dt$ Induktionsspannung $$u_L = L\,\frac{di}{dt}$$
Irreversible Energieumwandlung		Dämpfungs-koeffizient d Energieträger Reibungsfaktor Reibungskraft $$F_R = d\,v = d\,\frac{dx}{dt}$$	Ohmscher Widerstand R Ohmscher Spannungsabfall $$U_R = R\,i = R\,\frac{dq}{dt}$$
		Dämpfungs-energie Reibungsenergie $$E_R = d\int v^2 dt$$	Stromwärmeenergie $$E_R = R\int i^2 dt$$

<u>Tafel 5</u> Mechanische und elektrische Größen

gleichung beschrieben werden, die im mechanischen Schwingkreis das Gleichgewicht der Kräfte (im "mechanischen Knoten") formuliert und im elektrischen den Kirchhoffschen Spannungssatz (in der Netzmasche). Daß es sich bei beiden Schwingungen um dem Wesen nach ähnliche Vorgänge handelt, kann man auch an der für beide Schwinger gleichen Form der beschreibenden Differentialgleichungen erkennen. Selbstverständlich ergeben sich damit für beide auch mathematisch gleiche Lösungsformen und einander ähnliche Ausdrücke für die den Schwingkreis charakterisierende Eigenfrequenz.

a)

$$f_c = -c_{mech} \, x = -c_{mech} \int v\,dt$$

$$f_m = -m\frac{dv}{dt} = -m\frac{d^2x}{dt^2}$$

b)

$$u_C = \frac{q}{C} = \frac{1}{C}\int i\,dt$$

$$u_L = L\frac{di}{dt} = L\frac{d^2q}{dt^2}$$

In der Verbindungsstelle -Knoten- von Feder und Masse muß die Summe der Kräfte Null sein

In der Masche aus Induktivität und Kapazität muß die Summe der Spannungen Null sein

$$f_m + f_c = 0$$

$$m\frac{dv}{dt} + c_{mech}\int v\,dt = 0$$

$$oder \quad m\frac{d^2x}{dt^2} + c_{mech}\, x = 0$$

$$u_L + u_C = 0$$

$$L\frac{di}{dt} + \frac{1}{C}\int i\,dt = 0$$

$$oder \quad L\frac{d^2q}{dt^2} + \frac{1}{C}\, q = 0$$

Lösung

$$x = \hat{X}\sin\omega_0 t$$

$$v = \frac{dx}{dt} = \omega_0 \hat{X}\cos\omega_0 t$$

$$a = \frac{d^2x}{dt^2} = -\omega_0^2 \hat{X}\sin\omega_0 t$$

$$\omega_0 = \sqrt{\frac{c_{mech}}{m}}$$

$$q = \hat{Q}\sin\omega_0 t$$

$$i = \frac{dq}{dt} = \omega_0 \hat{Q}\cos\omega_0 t$$

$$\frac{d^2q}{dt^2} = -\omega_0^2 \hat{Q}\sin\omega_0 t$$

$$\omega_0 = \sqrt{\frac{1/C}{L}}$$

Eigenfrequenz

Amplitude und Phasenlage ergeben sich aus den Anfangsbedingungen
(siehe Tafel 7)

<u>Tafel 6</u> Eigenschwingung ungedämpfter a) mechanischer und b) elektrischer Schwingkreise

Die in praktischen Schwingungssystemen auftretenden Verluste entstehen in mechanischen Systemen durch Reibung, in elektrischen Schwingkreisen vor allem in den stromdurchflossenen Leiterelementen. Die in Induktivitäten und Kapazitäten auftretenden Magnetisierungs- und Dielektrizitätsverluste sind gegenüber den Stromwärmeverlusten häufig sehr klein und sollen daher zunächst vernachlässigt werden. Damit hat die geschwindigkeits- bzw. stromproportionale Dämpfung die größte praktische Bedeutung. Sie bewirkt in mechanischen Systemen geschwindigkeitsproportionale Reibungskräfte und in elektrischen stromproportionale Spannungsabfälle. Die Dämpfungswirkungen werden in den Ersatzschaltungen in üblicher Weise durch konzentriert angenommene Schaltelemente berücksichtigt, wie in Tafel 7 und Bild 59 dargestellt, und zwar bei dem mechanischen Schwingkreis durch einen Dämpfungszylinder und im elektrischen durch einen ohmschen Widerstand, der von dem Strom durchflossen wird. Die Dämpfungsgrößen sind ebenfalls in Tafel 5 aufgeführt und müssen in der Differentialgleichung für die Kräfte bzw. Spannungen berücksichtigt werden, wie dieses in Tafel 7 geschehen ist. Man erkennt aus Tafel 7, daß sich auch für den gedämpften elektrischen und mechanischen Schwingkreis Ausdrücke gleicher mathematicher Form ergeben.

In einem Schwingkreis mit geschwindigkeits- bzw. stromproportionaler Dämpfung klingen die Amplituden der Eigenschwingung nach einer e-Funktion ab. Darüber hinaus bewirkt die Dämpfung eine Verlängerung der Periodendauer, d.h. eine Absenkung der Eigenfrequenz.

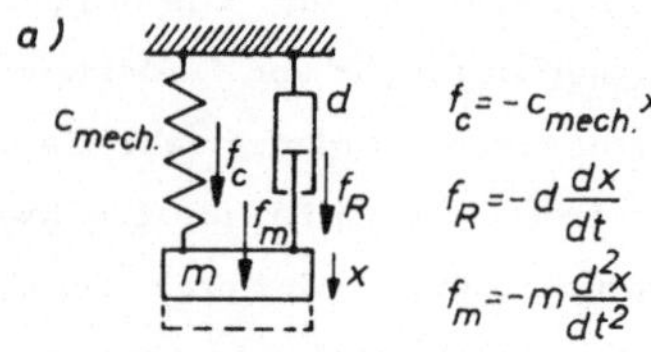

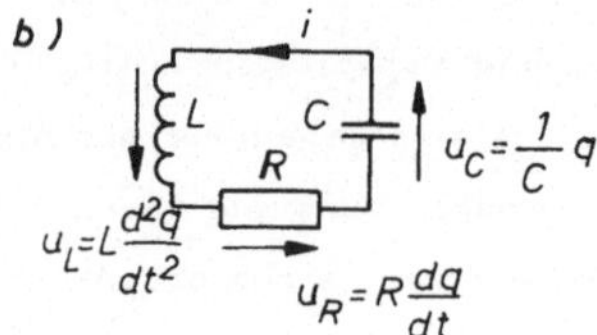

In dem „Knoten" ist die
Summe der Kräfte Null

$$m \frac{d^2x}{dt^2} + d \frac{dx}{dt} + c_{mech.} \, x = 0$$

In der Masche ist die
Summe der Spannungen Null

$$L \frac{d^2q}{dt^2} + R \frac{dq}{dt} + \frac{1}{C} \, q = 0$$

Mit den üblichen Abkürzungen :

$$D = \frac{d}{2m\omega_0} = \frac{d}{2\sqrt{mc_{mech.}}}$$

$$\omega_0 = \sqrt{\frac{c_{mech}}{m}}$$

Dämpfungsgrad

Eigenfrequenz des
ungedämpften Kreises

$$D = \frac{R}{2L\omega_0} = \frac{R}{2\sqrt{L \cdot 1/C}}$$

$$\omega_0 = \sqrt{\frac{1/C}{L}}$$

ergibt sich die Lösung :

$$x = \hat{X} e^{-D\omega_0 t} \sin(\sqrt{1-D^2}\,\omega_0 t + \varphi_x)$$

$$q = \hat{Q} e^{-D\omega_0 t} \sin(\sqrt{1-D^2}\,\omega_0 t + \varphi_q)$$

Amplitude und Phasenlage ergeben sich aus den Anfangsbedingungen, d.h. sie werden bestimmt von Größe und Art der Energie im Schwinger zum Zeitpunkt, da der Kreis sich selbst überlassen bleibt, also die Eigenschwingung beginnt. Es kann daher auch die Lösung für dx/dt bzw. dq/dt in gleicher Form geschrieben werden, wenn für diese die Amplitude und die Phasenlage unmittelbar aus den Anfangsbedingungen bestimmt werden.

$$v = \hat{V} e^{-D\omega_0 t} \sin(\sqrt{1-D^2}\,\omega_0 t + \varphi_v)$$

$$i = \hat{I} e^{-D\omega_0 t} \sin(\sqrt{1-D^2}\,\omega_0 t + \varphi_i)$$

Tafel 7 Eigenschwingung gedämpfter a) mechanischer und b) elektrischer Schwingkreise

4.2.2. Stationäre erzwungene Schwingungen

Erzwungene Schwingungen verlaufen mit der Frequenz der von außen eingeprägten periodischen Wirkungsgrößen, z.B. der periodischen Kräfte
oder Spannungen. Sind Amplitude und Frequenz dieser periodischen
Wirkungsgröße über längere Zeit konstant, so wird sich ein stationärer
Schwingungsvorgang ebenfalls mit konstanten Amplituden einstellen, die
gerade so groß sind, daß die im Schwinger in Dämpfungsenergie umgesetzte Leistung gleich der von der Erregergröße zugeführten Wirkleistung ist. Neben dieser irreversiblen Energieumsetzung findet nun noch
ein reversibler Energieaustausch sowohl zwischen den Speichern des
Schwingers als im allgemeinen auch zwischen Schwinger und äußerem
Erreger statt. Nach dem Energiesatz kann die Schwingung daher nur so
verlaufen, daß zu jedem Zeitpunkt der Augenblickswert der zugeführten
Energie gleich ist der Summe der Augenblickswerte von Dämpfungsenergie und der von den Speichern des Schwingers aufgenommenen bzw.
abgegebenen Energie. Zu beachten ist dabei, daß in einem Schwingkreis
naturgemäß Speicher mit sich ergänzendem Speichervermögen vorhanden
sind, d.h., der Ladevorgang des einen Speichers entspricht dem Ent-
ladevorgang des anderen und umgekehrt.

Betrachtet man z.B. einen aus der Reihenschaltung von R, C und L bestehenden elektrischen Schwingkreis, der von einem sinusförmigen
Strom konstanter Amplitude stationär erregt wird, so sind die Amplituden der in C gespeicherten Feldenergie

$$\hat{E}_C = \frac{\hat{Q}^2}{2C} = \frac{1}{2C}\left(\int i\, dt\right)^2 = \frac{\hat{I}^2}{2C\omega^2}$$

abhängig von ω, die der in L gespeicherten

$$\hat{E}_L = L\frac{\hat{I}^2}{2}$$

dagegen nicht.

Es gibt daher nur eine Frequenz ω, bei der die maximalen Energieinhalte beider Speicher gleich groß sind, nämlich die Eigenfrequenz $\omega_o = \sqrt{1/LC}$ des ungedämpften Kreises, die auch als <u>Resonanzfrequenz</u> bezeichnet wird. Bei dieser Frequenz wird periodisch die gesamte in C gespeicherte Energie an L abgegeben und umgekehrt $[\hat{I}^2/2C\,(\sqrt{1/LC}\,)^2 = = \hat{I}^2 L/2]$, so daß dem Schwingkreis vom Erreger nur die im Widerstand in Wärme umgesetzte Dämpfungsenergie als Wirkleistung zugeführt werden muß. Bei allen anderen Frequenzen ist die maximal gespeicherte Energie des einen Speichers größer als die des anderen. Der Differenzbetrag der beiden Energien pendelt daher nicht innerhalb des Schwingers zwischen dessen Speichern, sondern zwischen Schwinger und äußerem Erreger. Der dem Schwinger zufließenden Dämpfungsenergie überlagert sich dann also eine Energiependelung.

Ähnliche Betrachtungen lassen sich für alle Schwingkreise anstellen, so daß die erzwungenen Schwingungen wie folgt charakterisiert werden können:

> *Bei erzwungenen stationären Schwingungen wird die Dämpfungsenergie des Schwingers von der Erregerquelle aufgebracht. Die reversibel gespeicherte Energie pendelt zwischen den beiden Energiespeichern und, falls deren Speichervermögen ungleich ist, auch zwischen dem größeren der beiden Speicher und der Erregerquelle.*

> *Die Schwingung stellt sich so ein, daß der Energiesatz von den Augenblickswerten der Dämpfungsenergie, der gespeicherten und der vom Erreger zugeführten Energie erfüllt wird, d.h., die vom Erreger gelieferte <u>Wirkleistung</u> ist gleich der <u>Dämpferleistung</u>, die gelieferte <u>Blindleistung</u> ist gleich der Summe der <u>Blindleistungen aller Speicher</u>.*

*Als Resonanzfrequenz wird die Frequenz bezeich-
net, bei der die Summe der Blindleistungen im
Schwingkreis Null ist, so daß vom Erreger nur
Wirkleistung geliefert wird.*

Die theoretische Betrachtung der erzwungenen Schwingungen ist wesentlich komplizierter und aufwendiger als die der freien Schwingungen.
Während jeder der hier betrachteten Schwingkreise mit zwei Energiespeichern nur einer Eigenschwingung mit einer diesem Schwingkreis
eigenen Energiependelung fähig ist, können die erzwungenen Schwingungen in äußerst vielfältiger Weise auftreten, nämlich in allen möglichen
Kombinationen der folgenden Merkmale:

1. Frequenz der Erregergröße

   Ein Schwingkreis mit einer bestimmten Eigenfrequenz kann mit
   jeder beliebigen von der Erregergröße erzwungenen Frequenz
   schwingen.

2. Angriffspunkt der Erregergröße

   Es gibt für einen Schwingkreis im allgemeinen mehrere Möglichkeiten, wie die Erregergröße auf ihn einwirkt.

3. Physikalischer Charakter der Erregergröße

   Die Erregerwirkung kann über verschiedene physikalische Größen
   ausgeübt werden, z.B. über eingeprägte Wege bzw. Ladungen,
   Kräfte bzw. Spannungen oder Geschwindigkeiten bzw. Ströme.

In Bild 59 sind für mechanische und elektrische Schwingkreise einige
charakteristische Kombinationen von Angriffspunkt der Erregergröße
und deren physikalischem Charakter angegeben. Die allgemein mit $e(t)$
bezeichnete eingeprägte Erregergröße kann beim mechanischen Schwingkreis eine eingeprägte Kraft, eine Geschwindigkeit oder ein Weg sein,
beim elektrischen eine Spannung, ein Strom oder eine Ladung.

Bei der theoretischen Betrachtung einer erzwungenen Schwingung ist es
unerläßlich, zunächst die vorliegende Kombination zwischen den oben

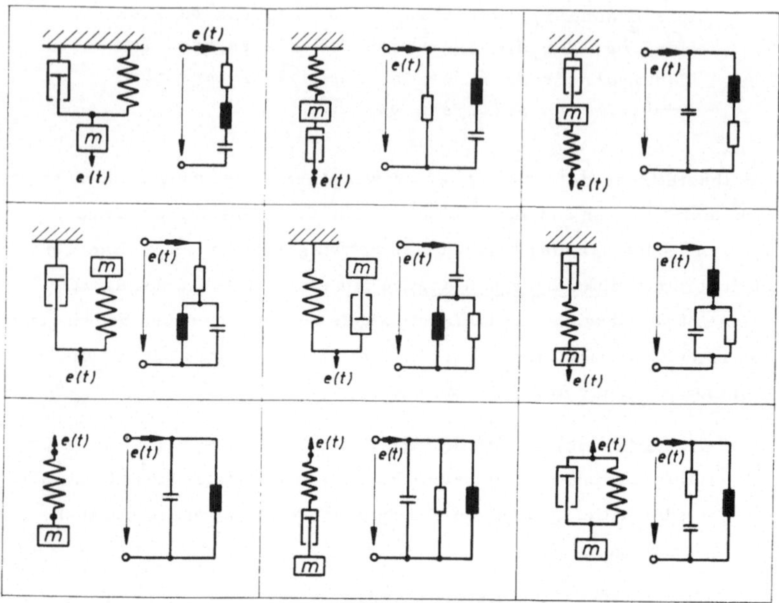

Bild 59 Ersatzschaltbilder mechanischer und analoger elektrischer
Schwingkreise

genannten Merkmalen zu klären.

Ferner ist festzustellen, ob die Erregergröße unabhängig von der Intensität der durch sie angeregten Schwingung als konstant angenommen werden kann. Diese Frage ist bei streng theoretischer Betrachtung in den meisten Fällen zu verneinen, d. h. , es müßten die Schwingungen des aus Erreger- und Schwingkreis bestehenden gekoppelten Systems untersucht werden. Bei praktischen Gegebenheiten wird sie jedoch häufig bejaht, wenn nämlich die Rückwirkung der Schwingungsgröße auf die Erregergröße vernachlässigbar klein ist. Dieser Fall liegt z. B. vor, wenn ein elektrischer Schwingkreis mit geringer Stromaufnahme an einem "starren" Netz liegt, d. h. von einem Generator sehr großer Leistung

Tafel 8 Schwingungsformen bei verschiedenem physikalischen Charakter der Erregergröße

(1) Ersatz-Schaltbilder	1)	2)	3)
(2) Erregergröße	Kraft f_E ; Spannung U_E	Weg x_E ; Ladung Q_E	Geschwindigkeit v_E ; Strom I_E
(3) Gesuchte Schwingungsgröße	Weg x_S ; Ladung Q_S	Kraft f_S ; Spannung U_S	Kraft f_S ; Spannung U_S
(4) Unabhängig von der Art der Erregung muß das Kräftegleichgewicht im Knoten und das Spannungsgleichgewicht in der Masche erfüllt sein, d.h., alle 3 Fälle werden durch die gleiche Differentialgleichung $m\, d^2x/dt^2 + d\, dx/dt + c_{mech}\,x = f(t)$ bzw. $L\, d^2q/dt^2 + R\, dq/dt + q/C = u(t)$ beschrieben			
(5) Komplexe Kraft- bzw. Spannungsgleichung	$-\omega^2 m\, x_S + j\omega d\, x_S + c_{mech}\, x_S = f_E$ $-\omega^2 L\, Q_S + j\omega R\, Q_S + \frac{1}{C} Q_S = U_E$	$-\omega^2 m\, x_E + j\omega d\, x_E + c_{mech}\, x_E = f_S$ $-\omega^2 L\, Q_E + j\omega R\, Q_E + \frac{1}{C} Q_E = U_S$	$j\omega m\, v_E + d\, v_E + c_{mech}\, \frac{1}{j\omega}\, v_E = f_S$ $j\omega L\, I_E + R\, I_E + \frac{1}{C}\frac{1}{j\omega}\, I_E = U_S$
(6) Zeigerdiagramme			
(7) Kraft-u. Spannungsgleichung mit komplexem Widerstandsoper.	$x_S\, j\omega\, Z_{mech} = f_E$; $Q_S\, j\omega\, Z = U_E$	$x_E\, j\omega\, Z_{mech} = f_S$; $Q_E\, j\omega\, Z = U_S$	$v_E\, Z_{mech} = f_S$; $I_E\, Z = U_S$
(8a) Schwingung / Resonanzschwingung	(1) $\dfrac{x_S(\omega)}{(f_E/\omega_0 d)} = \dfrac{Q_S(\omega)}{(U_E/\omega_0 R)} = \dfrac{1}{j(\frac{\omega}{\omega_0})Z'}$	(2) $\dfrac{f_S(\omega)}{(x_E\,\omega_0 d)} = \dfrac{U_S(\omega)}{Q_E\,\omega_0 R} = j\frac{\omega}{\omega_0} Z'$	(3) $\dfrac{f_S(\omega)}{v_E\, d} = \dfrac{U_S(\omega)}{I_E\, R} = Z'$
(8b) Schwingung / Statische „Schwingungsgröße"	(4) $\dfrac{x_S(\omega)}{F_E(\omega=0)/c_{mech}} = \dfrac{Q_S(\omega)}{U_E(\omega=0)C} = \dfrac{1}{2D}\dfrac{1}{j(\frac{\omega}{\omega_0})Z'}$	(5) $\dfrac{f_S(\omega)}{X_E(\omega=0)c_{mech}} = \dfrac{U_S(\omega)}{Q_E(\omega=0)/C} = 2Dj\frac{\omega}{\omega_0} Z'$	Auf die statische Schwingungsgröße kann sinnvoll nicht bezogen werden
(8a) Dargestellt in Bild 62a (8b) Dargestellt in Bild 62b	$\dfrac{1}{j(\frac{\omega}{\omega_0})Z'} = \dfrac{2D}{1-(\frac{\omega}{\omega_0})^2 + j(\frac{\omega}{\omega_0})2D}$	$j(\frac{\omega}{\omega_0})Z' = \dfrac{1-(\frac{\omega}{\omega_0})^2 + j(\frac{\omega}{\omega_0})2D}{2D}$	$Z' = \dfrac{1-(\frac{\omega}{\omega_0})^2 + j(\frac{\omega}{\omega_0})2D}{j(\frac{\omega}{\omega_0})2D}$

gespeist wird, so daß die Klemmenspannung als konstant angenommen werden kann.

Für alle hier angestellten Betrachtungen soll angenommen werden, daß die Rückwirkung vernachlässigbar klein ist, so daß mit einer konstanten Erregergröße gerechnet werden kann.

Die erzwungenen Schwingungen sollen im folgenden beispielhaft an den in Tafel 8 dargestellten Schwingkreisen untersucht werden. Man erkennt, daß bei erzwungenen Schwingungen ebenso wie bei den freien (Tafel 7) eine strenge Analogie zwischen dem elektrischen und mechanischen System gilt. Während in dem Knoten des mechanischen Schwingkreises die Summe der Kräfte Null sein muß

$$m\frac{d^2x}{dt^2} + d\frac{dx}{dt} + c_{mech}x = f(t) \, ,$$

ist in der Masche des elektrischen die Summe der Spannungen gleich Null:

$$L\frac{d^2q}{dt^2} + R\frac{dq}{dt} + \frac{1}{C}q = u(t) \, .$$

Je nach dem physikalischen Charakter der Erregung sind nun drei Fälle zu unterscheiden (siehe Tafel 8):

1.) An der Masse greift eine äußere periodische Kraft konstanter Amplitude

$$f(t) = \hat{F} \sin \omega t$$

an (z. B. von einem an Wechselspannung angeschlossenen Elektromagneten verursacht), die eine Schwingung gleicher Frequenz

$$x(t) = f\left[\, f(t)\,\right] = \hat{x} \sin(\omega t + \varphi)$$

erregt, deren Wegamplitude und Phasenlage zu ermitteln sind.

Analog dazu würde an dem elektrischen Schwingkreis eine konstante äußere Wechselspannung

$$u(t) = \hat{U} \sin \omega t$$

anliegen und die Ladung

$$q(t) = f\left[u(t)\right] = \hat{Q} \sin(\omega t + \varphi)$$

zu berechnen sein.

2.) Die Masse wird zwangsweise auf einem sinusförmigen Weg konstanter Amplitude

$$x(t) = \hat{X} \sin \omega t$$

bewegt (z.B. näherungsweise über einen Kurbeltrieb konstanter Geschwindigkeit). Die dabei von der Masse nach außen zurückwirkende Kraft (z.B. auf das Gestänge des Kurbeltriebes)

$$f(t) = f\left[x(t)\right] = \hat{F} \sin(\omega t + \varphi)$$

ist zu bestimmen.

An einem elektrischen Schwingkreis, dem die Ladung

$$q(t) = \hat{Q} \sin \omega t$$

zugeführt wird (z.B. dadurch, daß der Strom $i = dq/dt = \hat{Q}\,\omega \cos \omega t$ von einer Stromquelle erzwungen wird), tritt die Spannung

$$u(t) = f\left[q(t)\right] = \hat{U} \sin(\omega t + \varphi)$$

auf, die ermittelt werden soll.

3.) Der Masse wird die Geschwindigkeit

$$v(t) = \hat{V} \sin \omega t$$

aufgeprägt (z.B. dadurch, daß die über den Kurbeltrieb eingeprägte Wegamplitude mit steigendem ω verringert wird entsprechend $v = dx/dt = -\hat{X} \omega \cos \omega t$), und es ist die dabei von der
Masse nach außen zurückwirkende Kraft

$$f(t) = f\left[v(t)\right] = \hat{F} \sin(\omega t + \varphi)$$

zu berechnen.

Analog dazu wäre für den elektrischen Schwingkreis mit dem eingeprägten Strom

$$i(t) = \hat{I} \sin \omega t$$

die Klemmenspannung

$$u(t) = f\left[i(t)\right] = \hat{U} \sin(\omega t + \varphi)$$

zu berechnen.

Da nur die stationären erzwungenen Schwingungen untersucht werden sollen, können die Differentialgleichungen in der komplexen Ebene gelöst
werden. Zur übersichtlichen Darstellung der Lösung wird der komplexe
Widerstandsoperator $\mathfrak{Z}$ für den elektrischen Schwingkreis entsprechend
3.2.3.4 eingeführt, der in analoger Weise dazu auch für ein mechani-
sches Schwingungssystem ($\mathfrak{Z}_{mech}$) definiert werden kann:

$$\mathfrak{Z}_{mech} = d + j\left(\omega m - \frac{c_{mech}}{\omega}\right) \quad ; \quad \mathfrak{Z} = R + j\left(\omega L - \frac{1}{\omega C}\right) .$$

Dieser Form entspricht direkt nur die Kraft- bzw. Spannungsgleichung
mit eingeprägter Geschwindigkeit bzw. eingeprägtem Strom (Tafel 8,
Spalte 3, Reihe 5). Die übrigen Gleichungen können aber durch Ausklammern von $1/j\omega$ leicht in diese Form überführt werden, so daß der Zusammenhang zwischen eingeprägter Erregergröße und Schwingungsgröße,
die man auch als <u>Rückwirkungsgröße</u> des Schwingkreises bezeichnen
könnte, für alle drei Fälle mit ähnlichen Gleichungen übersichtlich beschrieben werden kann (Tafel 8, Reihe 7).

Man erkennt, daß die Schwingungsgröße bei gleicher Amplitude der Erregergröße wesentlich von den charakteristischen Eigenschaften des
Schwingers und der Erregerfrequenz abhängt. Um diese Abhängigkeit
übersichtlich darzustellen, werden die den Schwingkreis charakterisie-
renden Größen Eigenfrequenz $\omega_0 = \sqrt{c_{mech}/m}$ bzw. $\omega_0 = \sqrt{1/LC}$ und
Dämpfungsgrad D eingeführt:

In der Gleichung für den Widerstandsoperator wird d bzw. R ausge-
klammert und ω jeweils mit ω_0 erweitert:

$$\mathfrak{Z}_{mech} = d\left[\,1 + j\frac{\omega}{\omega_0}\frac{\omega_0 m}{d} + \frac{1}{j\frac{\omega}{\omega_0}}\frac{c_{mech}}{d\,\omega_0}\,\right]$$

$$\mathfrak{Z} = R\left[\,1 + j\frac{\omega}{\omega_0}\frac{\omega_0 L}{R} + \frac{1}{j\frac{\omega}{\omega_0}}\frac{1}{R\,\omega_0 C}\,\right].$$

Mit den Beziehungen

$$D = \frac{d}{2\,m\omega_0} = \frac{d\,\omega_0}{2\,c_{mech}} \quad ; \quad D = \frac{R}{2\,L\omega_0} = \frac{R\,\omega_0 C}{2}$$

ergibt sich nach Ausklammern von $1/j(\omega/\omega_0)\,2\,D$

$$\mathfrak{Z}_{mech} = d\,\frac{\left[1-(\omega/\omega_0)^2\right] + j(\omega/\omega_0)\,2\,D}{j(\omega/\omega_0)\,2\,D} \quad ; \quad \mathfrak{Z} = R\,\frac{\left[1-(\omega/\omega_0)^2\right] + j(\omega/\omega_0)2D}{j(\omega/\omega_0)\,2\,D}$$

als Produkt der Dämpfungskonstanten d bzw. R und einer für den mechanischen und elektrischen Schwingkreis gleichen Funktion $\mathfrak{Z}'$ des Verhält-

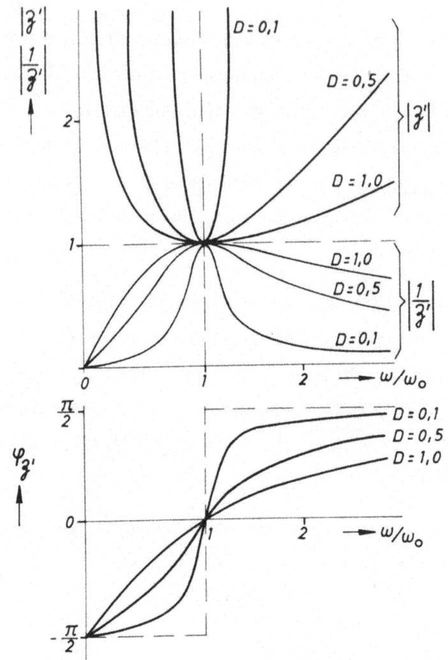

Bild 60 Betrag und Phasenwinkel des Wider-
stands- und Leitwertoperators eines
Schwingkreises entsprechend Tafel 8

nisses Erreger- zu Eigenfrequenz (ω/ω_O) und des Dämpfungsgrades D.

$$z_{mech} = d\,z' \; ; \; z = R\,z'$$

Die den Widerstand charakterisierende Funktion

$$z' = \frac{\left[1-(\omega/\omega_O)^2\right]+j(\omega/\omega_O)2D}{j(\omega/\omega_O)\,2\,D}$$

bzw. ihr Kehrwert $1/z'$ (Leitwert) beschreibt in der Tendenz das charakteristische Verhalten aller Schwingkreise. Sie ist in Bild 60 in Abhängigkeit vom Verhältnis Erreger- zu Eigenfrequenz (ω/ω_O) mit dem Dämpfungsgrad D als Parameter dargestellt.

Mit dem Widerstandsoperator z ergeben sich die in Tafel 8, Reihe 7 aufgeführten Gleichungen, in denen der Zusammenhang zwischen Erreger- und Schwingungsgröße klar hervortritt. Soll dieser Zusammenhang graphisch dargestellt werden, z.B. als Ortskurve oder im Amplituden-Phasenwinkeldiagramm, so empfiehlt es sich, das Verhältnis von Schwingungs- zu Erregergröße als Größe der Dimension Eins darzustellen, wie dieses in den folgenden Beispielen gezeigt wird:

1.) Zur Beschreibung des Zusammenhanges zwischen der eingeprägten

Erregerkraft f_E bzw. Erregerspannung $\mathfrak{U}_E$ und dem durch diese verursachten Ausschlag $\mathfrak{X}_S$ ($\mathfrak{X}_S\, j\omega d\mathfrak{z}' = f_E$) bzw. Ladung $\mathfrak{Q}_S$ ($\mathfrak{Q}_S\, j\omega R\mathfrak{z}' = \mathfrak{U}_E$) werden die Beziehungen nach Tafel 8, Reihe 7 mit ω_0 erweitert, so daß sie sich wie folgt schreiben lassen:

$$\mathfrak{X}_S\, j\left(\frac{\omega}{\omega_0}\right)\mathfrak{z}' = \frac{1}{\omega_0 d}\, f_E \quad ; \quad \mathfrak{Q}_S\, j\left(\frac{\omega}{\omega_0}\right)\mathfrak{z}' = \frac{1}{\omega_0 R}\, \mathfrak{U}_E \, .$$

Die rechte Seite vorstehender Gleichung läßt sich deuten als die Schwingungsgröße, die von der Erregergröße verursacht wird, deren Frequenz gleich ist der Eigenfrequenz des Schwingkreises $\left[(\omega/\omega_0)\mathfrak{z}'\right.$ = = 1 für $\omega = \omega_0\left.\right]$. In diesem ausgezeichneten Fall ist $\mathfrak{X}_S$ bzw. $\mathfrak{Q}_S$ genau um $\pi/2$ gegenüber der Erregerkraft bzw. Erregerspannung phasenverschoben, dagegen sind Geschwindigkeit und Erregerkraft bzw. Ladungsgeschwindigkeit (Strom) und Spannung genau phasengleich. Daraus folgt, daß vom Erreger lediglich Wirkleistung, aber keine Blindleistung geliefert wird (Resonanzpunkt), so daß die Schwingungsgröße bei gegebener Erregergröße allein abhängig ist von der Größe der Dämpfung (siehe Bild 61 a).

Bezieht man nun auf diesen ausgezeichneten, bei gegebener Erregergröße allein von d abhängigen Schwingungsausschlag $\mathfrak{X}_S(\omega_0)$ bzw. auf die von R abhängige Ladung $\mathfrak{Q}_S(\omega_0)$ die von gleicher Erregergröße bei beliebiger Frequenz ω erregten Ausschläge $\mathfrak{X}_S(\omega)$ bzw. Ladungen $\mathfrak{Q}_S(\omega)$, so lassen sich diese als Funktion des Dämpfungsgrades D und des Frequenzverhältnisses (ω/ω_0) als Verhältnisgrößen darstellen:

$$\frac{\mathfrak{X}_S(\omega)}{(f_E/\omega_0 d)} = \frac{1}{j(\omega/\omega_0)\mathfrak{z}'} \quad ; \quad \frac{\mathfrak{Q}_S(\omega)}{(\mathfrak{U}_E/\omega_0 R)} = \frac{1}{j(\omega/\omega_0)\mathfrak{z}'} \, .$$

In ähnlicher Weise können die Schwingungsausschläge aber auch auf die statische Wirkungsgröße bezogen werden, d.h. auf den von einer statischen Kraft $f_E(\omega = 0)$ hervorgerufenen statischen Ausschlag $X_s = f_E(\omega = 0)\, c_{mech}$ bzw. auf die sich bei einer Gleichspannung

$\mathcal{U}_E \, (\omega = 0)$ einstellende statische Ladung $\mathcal{Q}_S = \mathcal{U}_E \, (\omega = 0) \, C$ (siehe Bild 61).

Der auf die Resonanzgröße bezogene Frequenzgang der Schwingungsgröße ist in Bild 62 a und der auf die statische bezogene in Bild 62 b als Kurve 1 bzw. 4 dargestellt und wird im folgenden diskutiert.

a)

$j\omega_0 d\,\mathcal{H}$
$(j\omega_0 R\mathcal{Q})$
$\mathcal{H} m\omega_0^2 = \mathcal{H} m \frac{c_{mech.}}{m}$
$(\mathcal{Q} L\,\omega_0^2 = \mathcal{Q} L \cdot 1/LC)$
$f\;(\mathcal{U})$
$\mathcal{H}\,c_{mech}$
$(\mathcal{Q}/C)$
$\mathcal{H}\;(\mathcal{Q})$

b)

$-j\mathcal{v}_E c_{mech.}/\omega$
$(-j\mathcal{I}_E/\omega C)$
$j\omega m\mathcal{v}_E$
$(j\omega L\mathcal{I}_E)$
$f_S\;(\mathcal{U}_S)$
$d\mathcal{v}_E$
$(R\mathcal{I}_E)$
$\mathcal{v}_E\;(\mathcal{I}_E)$

Erregergröße der Frequenz ($\omega=\omega_0$ bzw. $\omega=0$)	bewirkt: Resonanzschwingung ($\omega=\omega_0$) bzw.	Statische Rückwirkungsgröße ($\omega=0$)
$\mathcal{F}_E \longrightarrow$	Resonanzausschlag $\left| \mathcal{F}_E \frac{1}{\omega_0 d} \right| = \left| \mathcal{H}_S(\omega_0) \right|$	Statischer Ausschlag $\dfrac{F_E(\omega=0)}{c_{mech.}} = X_S(\omega=0)$
$\mathcal{U}_E \longrightarrow$	Resonanzladung $\left| \mathcal{U}_E \frac{1}{\omega_0 R} \right| = \left| \mathcal{Q}_S(\omega_0) \right|$	Ladung bei Gleichspannung $U_E(\omega=0)\,C = Q_S(\omega=0)$
$\mathcal{H}_E \longrightarrow$	Resonanzkraft $\left| \mathcal{H}_E \, \omega_0 d \right| = \left| \mathcal{F}_S(\omega_0) \right|$	Statische Rückwirkungskraft $X_E(\omega=0)\,c_{mech.} = F_S(\omega=0)$
$Q_E \longrightarrow$	Resonanzspannung $\left| \mathcal{Q}_E \, \omega_0 R \right| = \left| \mathcal{U}_S(\omega_0) \right|$	Gleichspannung $\dfrac{Q_E(\omega=0)}{C} = U_S(\omega=0)$
$\mathcal{v}_E \longrightarrow$	Resonanzkraft $\mathcal{v}_E \, d = \mathcal{F}_S(\omega_0)$	Statische Rückwirkungskraft (stationär bei $t\rightarrow\infty: v_E t = x_E \rightarrow \infty$) $v_E t\, c_{mech.} = F_S \rightarrow \infty$
$\mathcal{I}_E \longrightarrow$	Resonanzspannung $\mathcal{I}_E R = \mathcal{U}_S(\omega_0)$	Gleichspannung (stationär bei $t\rightarrow\infty: I_E t = Q_E \rightarrow\infty$) $\dfrac{I_E t}{C} = U_S \rightarrow \infty$

Bild 61 Zeigerdiagramme für den Fall $\omega = \omega_0$ und Zusammenstellung der Schwingungsgrößen für die ausgezeichneten Punkte $\omega = \omega_0$ und $\omega = 0$

Bei <u>statischer</u> Erregung ($\omega = 0$, d.h. mit einer Gleichgröße) kann bereits anschaulich aus der Erfahrung abgeleitet werden, daß der statische Ausschlag in Richtung der Federkraft liegt, so daß Federkraft gleich Erregerkraft ist ($X_s \, c_{mech} = F_E$) bzw. im Kondensator sich eine solche statische Ladung einstellt, daß die statische Kondensatorspannung gleich der Erregerspannung ist ($Q_s/C = U_E$).

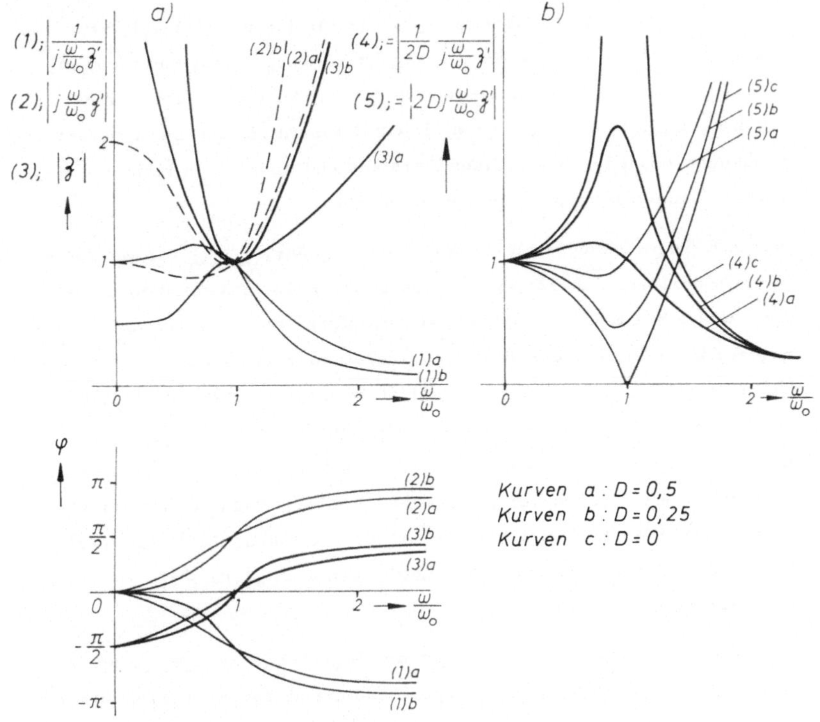

Bild 62 Darstellung des Quotienten Schwingungs- zu Erregergröße,
   a) auf die Resonanzgröße, b) auf die statische Größe bezogen

Ist die Erregerfrequenz größer als Null, aber kleiner als die Eigenfrequenz $\omega < \omega_0$, so überwiegt in der Summe aus Feder- und Massenkraft bzw. Kondensator- und Induktionsspannung die Federkraft bzw. die Kondensatorspannung. Außer der Reibungsgröße muß daher diese resultierende Größe von der Erregergröße überwunden werden. Die dazu notwendige Energie wird jedoch nicht in Wärme umgesetzt, sondern gespeichert, d.h., zwischen dem entsprechenden Energiespeicher der Erregergröße und dem der Feder bzw. der Kapazität findet eine Energiependelung statt. Mit zunehmender Erregerfrequenz gleicht sich das Speichervermögen der beiden Energiespeicher für die unterschiedlichen Energieformen an, so daß die Umspeichervorgänge mehr und mehr innerhalb des Kreises ablaufen, die von der Erregerquelle gelieferte Blindleistung also geringer wird. Formal kommt das in einem kleiner werdenden resultierenden Blindwiderstand und damit auch kleiner werdendem Widerstandsoperator zum Ausdruck.

Ist die Erregerfrequenz gleich der Eigenfrequenz, $\underline{\omega = \omega_0}$, so werden in beiden Energiespeichern abwechselnd gleich große Energiemengen gespeichert, ihre Blindwiderstände kompensieren sich, so daß von der Erregergröße lediglich der Reibungswiderstand überwunden werden muß. Die Erregerquelle liefert keine Blindleistung, sondern ausschließlich die in den Reibungswiderständen des Kreises in Wärme umgesetzte Wirkleistung. Es stellt sich der maximale Ausschlag bzw. die maximale Ladung ein, die bei gegebener Erregergröße allein abhängig sind von den Dämpfungswiderständen d bzw. R. Ist die Dämpfung Null, so ergeben sich bei endlicher Größe der Erregung unendlich große Werte des Ausschlages bzw. der Ladung.

Ist die Erregerfrequenz größer als die Eigenfrequenz, $\underline{\omega > \omega_0}$, so überwiegt mit steigender Frequenz zunehmend die Massenkraft bzw. die Induktionsspannung, und es muß deren nicht gedeckte Komponente neben der Reibungsgröße von der Erregergröße überwunden werden. Das entspricht wiederum einer Energiependelung zwischen diesen Speichern und der Erregerquelle. Der resultierende Widerstand des Kreises steigt also gegenüber dem Resonanzpunkt wieder an, d.h., die Ausschlag- bzw. Ladungsamplitude wird mit zunehmender Frequenz kleiner und strebt gegen Null, wenn die Erregerfrequenz gegen unendlich geht.

2.) Wird der Schwingkreis durch die eingeprägte Größe "Weg" bzw. "Ladung" erregt, so erhält man für die normierte Rückwirkungskraft bzw. die normierte Spannung analog vorstehender Erläuterung den in Bild 62, Kurve (2) bzw. (5) dargestellten Verlauf.

Bei statischer Erregung ($\omega = 0$) ist die Rückwirkungskraft gleich dem

Erregerweg multipliziert mit der Federkonstanten ($\tilde{F}_E(0) = \mathcal{H}_E(0) c_{mech}$) bzw.
die Klemmenspannung gleich der eingeprägten Ladung dividiert durch
die Kapazität ($\mathcal{U}_E(0) = \mathcal{Q}_E(0)/C$). Im Resonanzpunkt ($\omega = \omega_0$) wird die Rückwirkungskraft bzw. Klemmenspannung allein durch die Dämpfung be-
stimmt. Ist diese Null, wird die Rückwirkungsgröße trotz endlicher Erregergröße gleich Null.   Strebt die Erregerfrequenz gegen unendlich,
so wird die Rückwirkungskraft bzw. die Klemmenspannung ebenfalls unendlich groß. Es ergeben sich also prinzipiell die gleichen Gesetzmäßigkeiten wie in Beispiel 1, Ursache und Wirkung sind lediglich vertauscht,
so daß Kurve 2 den reziproken Verlauf zeigt wie Kurve 1.

3.) Für eingeprägte <u>Geschwindigkeits-</u> bzw. <u>Stromerregung</u> ist die bezogene Rückwirkungskraft bzw. Klemmenspannung in Bild 62, Kurve 3
dargestellt.

Eine statische Erregung ($\omega = 0$; $\mathbf{w}_E = v_E$ = konst. bzw. $\mathfrak{J}_E = I_E$ = konst.)
ergibt eine unbegrenzt anwachsende Auslenkung bzw. Ladung und damit
eine Rückwirkungskraft bzw. Klemmenspannung, die gegen unendlich
strebt. Dieser Grenzfall einer eingeprägten konstanten Geschwindigkeit
wird allerdings durch das mechanische Ersatzschaltbild Tafel 8, Reihe 1,
Spalte 3 (Kurbeltrieb) nicht erfaßt. Die weitere Abhängigkeit der bezogenen Rückwirkungsgröße kann unmittelbar aus der in Tafel 8, Reihe 8 a,
Spalte 3 angegebenen Gleichung abgelesen werden. Sie ist in Kurve 3,
Bild 62 a dargestellt.

Um das charakteristische Verhalten eines Schwingkreises in Abhängigkeit
von Dämpfung, Erregerfrequenz und physikalischem Charakter der Erregergröße aufzuzeigen, wurde in den vorstehenden drei Beispielen als
Schwingungsgröße die auf den Erreger zurückwirkende Größe angesehen
und ausschließlich betrachtet. Selbstverständlich treten noch weitere mit
Erregerfrequenz pulsierende Größen in dem Schwingkreis auf, die ebenfalls als Schwingungsgrößen aufgefaßt werden können. So sind z. B. bei
einem elektrischen Reihenschwingkreis außer der Spannung an den äuße-

ren Klemmen die Spannung am Widerstand R, an der Induktivität L oder
an der Kapazität C interessant. Da es im Rahmen des vorliegenden
Skriptums weder möglich ist, auch diese Einzelgrößen zu diskutieren,
noch auf andere Kombinationen von Erregergröße und Schwingkreis-
form (Bild 59) einzugehen, sei abschließend festgestellt, daß die hier
beispielhaft beschriebenen Eigenschaften eines Schwingers charakteristisch sind für alle Schwingungsgrößen und Schwingkreisformen, so daß
folgende allgemeingültige Feststellung getroffen werden kann.

*Das Verhältnis von Wirkung zu Ursache, d.h. von
Intensität der Schwingung zu Erregerintensität eines Schwingers, ist in starkem Maße abhängig von der Dämpfung und dem Verhältnis
Erregerfrequenz zu Eigenfrequenz. Der Verlauf
der Schwingungsgröße in Abhängigkeit von der
Erregerfrequenz wird als Resonanzkurve bezeichnet. Die Resonanzkurve hat im Bereich, in dem
sich die Erregerfrequenz der Eigenfrequenz
nähert, ein Extremum, das mit kleiner werdender Dämpfung ausgeprägter wird, bei großer
Dämpfung aber verschwindet. Ob das Extremum der
Resonanzkurve einer betrachteten Schwingungsgröße ein Maximum oder Minimum ist, hängt von
dem physikalischen Charakter der Erregergröße
und der Schaltungsart ab.*

Eine bedeutungsvolle Eigenschaft des Schwingkreises besteht darin, daß
schon kleinste Erregerkräfte äußerst intensive Schwingungen bewirken
können, wenn die Erregerfrequenz in der Nähe der Eigenfrequenz liegt
und die Dämpfung des Kreises sehr klein ist. Man spricht von einer
Resonanzüberhöhung infolge einer steilen bzw. schmalen Resonanzkurve
(siehe Bild 60, Kurve $1/\zeta'$). Analog dazu kann in anderen Fällen die betrachtete Schwingungsgröße trotz großer Erregerintensität zu einem
Minimum werden (siehe Bild 60, Kurve ζ'). Diese mehr subjektive Be-

schreibung wird durch folgende Definition objektiviert.

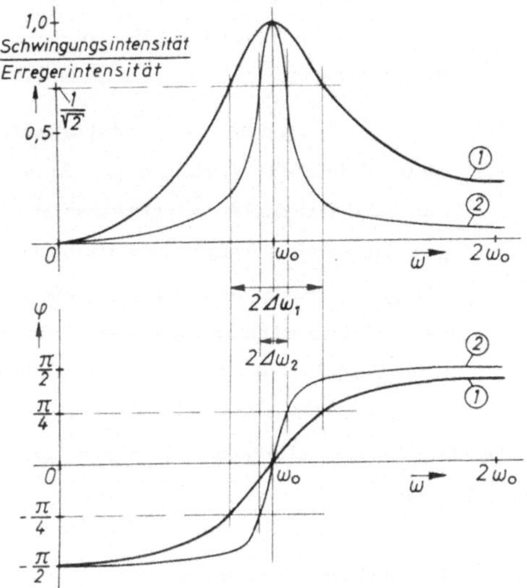

Bild 63 Definition der Bandbreite

Die **Bandbreite** einer Resonanzkurve ist definiert als Differenz der beiden Frequenzen, bei denen die Schwingungsgröße jeweils den $1/\sqrt{2}$-fachen Wert des Maximums bzw. den $\sqrt{2}$-fachen Wert des Minimums hat. Dabei ist die auf den Resonanzpunkt bezogene Phasenverschiebung zwischen Schwingungs- und Erregergröße näherungsweise 45°.

4. 2. 2. 1. <u>Erzwungene stationäre Schwingungen in elektrischen Schwingkreisen</u>

Die Grundformen elektrischer Schwingkreise sind der Parallel- und der Reihenschwingkreis, bei denen die Energiespeicher L und C parallel bzw. in Reihe geschaltet sind. Die Dämpfung wird im Ersatzschaltbild durch ohmsche Widerstände zum Ausdruck gebracht. Stromabhängige Verluste werden durch einen Widerstand berücksichtigt, der vom Strom durchflossen wird, also in Reihe geschaltet ist, spannungsabhängige (z.B. im Kondensator oder in der Eiseninduktivität) durch einen Widerstand, der parallel zum Schaltelement liegt. Soll die gegebene Anordnung mit großer Genauigkeit durch das Ersatzschaltbild wiedergegeben werden, so

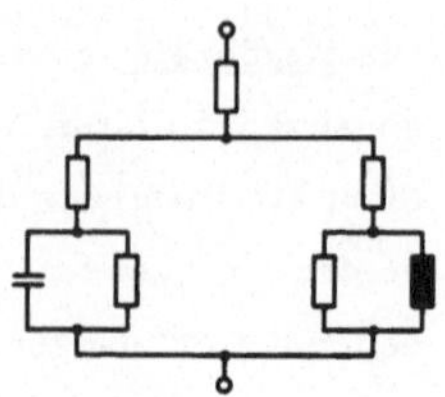

Bild 64 Parallelschwingkreis
mit ohmschen Wider-
ständen für strom-
und spannungsabhän-
gige Verluste

wird man sowohl Parallel- als auch Serienwiderstände anordnen müssen, wie dieses in Bild 64 als Beispiel dargestellt ist.

Hier soll lediglich das grundsätzlich unterschiedliche Verhalten des Reihen- und Parallelschwingkreises aufgezeigt werden, was am deutlichsten erkennbar wird, wenn nur ein ohmscher Widerstand entsprechend Bild 65 in Reihe bzw. parallel geschaltet wird. Die Eigenschaften beider Kreise sind in Bild 65 gegenübergestellt. Aus diesen Darstellungen kann man folgende charakteristische Merkmale ablesen.

In Resonanznähe wird das Verhältnis Klemmenspannung zu Klemmenstrom beim Reihenschwingkreis zu einem Minimum, beim Parallelschwingkreis zu einem Maximum.

Im Reihenschwingkreis können in Resonanznähe die Spannungen am Kondensator und an der Induktivität erheblich größer werden als die Klemmenspannung, da diese wesentlich von den zwischen Kondensator und Induktivität ablaufenden Energieumspeicherungen bestimmt werden.

Im Parallelschwingkreis kann in Resonanznähe der Strom in der aus Kondensator und Induktivität gebildeten Masche erheblich größer werden als der Klemmenstrom, da ersterer wesentlich durch die zwischen den Speichern ablaufenden Energiependelungen bestimmt wird.

Speziell für elektrische Schwingkreise hat man noch folgende Definitionen

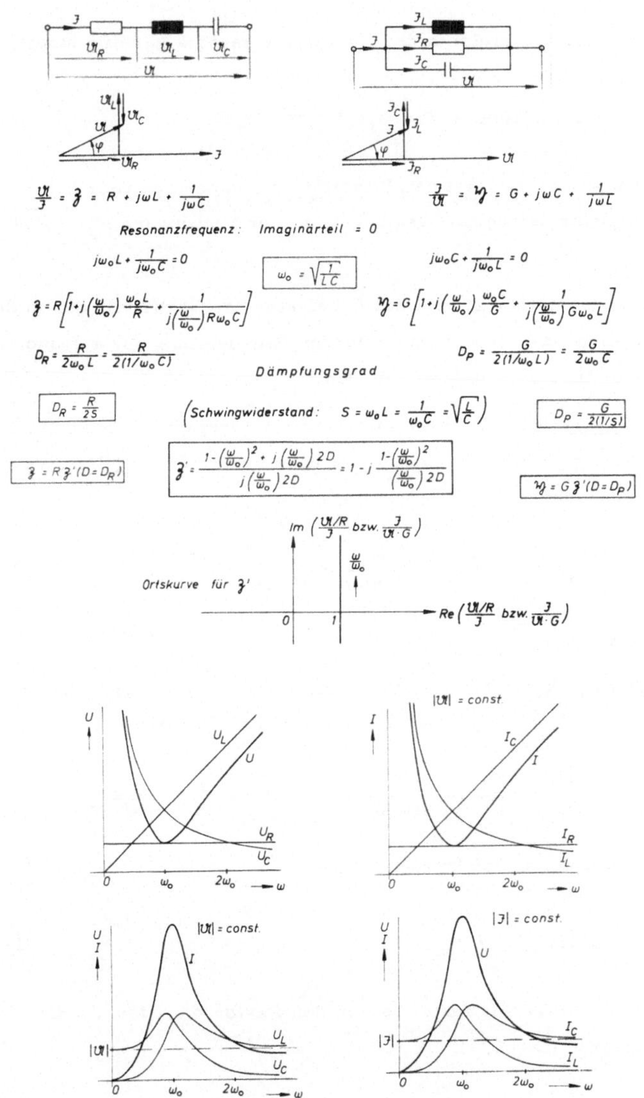

Bild 65 Elektrischer Reihen- und Parallelschwingkreis

geschaffen, die vor allem in der Nachrichtentechnik geläufig sind:

$$\underline{\text{Schwingwiderstand}} \qquad S = \omega_0 L = \frac{1}{\omega_0 C} = \sqrt{\frac{L}{C}} \; . \qquad\qquad (29)$$

Der Schwingwiderstand ist der Blindwiderstand der Speicher L bzw. C bei der Eigenkreisfrequenz des ungedämpften Schwingers $\omega_0 = \sqrt{1/LC}$.

Gütefaktor

Im Resonanzpunkt $\omega = \omega_0$ gibt der Gütefaktor das Verhältnis der in den Energiespeichern L bzw. C auftretenden Blindleistung zur aufgenommenen Wirkleistung an und damit für den

<u>Reihenschwingkreis</u> das Verhältnis Kondensatorspannung bzw. Induktivitätsspannung ($|\Im|\omega_0 L = |\Im|/\omega_0 C$) zu Klemmenspannung ($|\mathfrak{U}|=|\Im|R$) (Spannungsüberhöhung)

$$Q_R = \frac{|\mathfrak{U}_C|}{|\mathfrak{U}|} = \frac{|\mathfrak{U}_L|}{|\mathfrak{U}|} = \frac{|\Im|\omega_0 L}{|\Im|R} = \frac{1}{R}\sqrt{\frac{L}{C}} = \frac{S}{R} \qquad\qquad (30\,\mathrm{a})$$

und für den

<u>Parallelschwingkreis</u> das Verhältnis Kondensatorstrom bzw. Induktivitätsstrom ($|\mathfrak{U}|/\omega_0 L = |\mathfrak{U}|\omega_0 C$) zu Klemmenstrom ($|\Im| = |\mathfrak{U}|/R$)

$$Q_P = \frac{|\Im_C|}{|\Im|} = \frac{|\Im_L|}{|\Im|} = \frac{|\mathfrak{U}|\omega_0 C}{|\mathfrak{U}|/R} = R\sqrt{\frac{C}{L}} = \frac{R}{S} = \frac{1/S}{G} \; . \qquad\qquad (30\,\mathrm{b})$$

Der Kehrwert des Gütefaktors wird als

$$\underline{\text{Verlustfaktor}} \qquad \delta = \frac{1}{Q} \qquad\qquad (30\,\mathrm{c})$$

bezeichnet. Der Verlustfaktor ist um den Faktor 2 größer als der Dämpfungsgrad ($D = \delta/2$).

4. 3. Schwingkreise mit mehreren Freiheitsgraden

Bisher wurden sogenannte einfache Schwingkreise betrachtet, die sich dadurch auszeichnen, daß der Schwingungsvorgang durch _eine_ Größe vollständig gekennzeichnet ist. So kann z. B. in einem elektrischen Reihenschwingkreis (Bild 66) der Schwingungsvorgang durch den _einen_ in beiden Speichern (L und C) gleichen Strom $\mathfrak{J}$ eindeutig beschrieben werden. Die verschiedenen Spannungen an L, C und R sind nicht unabhängig voneinander und ergeben sich zwangsläufig als Funktion des Stromes $\mathfrak{J}$.

Ähnlich kann für einen Parallelschwingkreis der Schwingungsvorgang durch die eine für beide Speicher gleiche Spannung beschrieben werden, aus der sich die verschiedenen Ströme als abhängige Größen zwangsläufig ergeben.

> _Schwingkreise, in denen der Schwingungsvorgang_
> _durch eine Größe eindeutig beschrieben werden_
> _kann, werden als Kreise mit einem Freiheitsgrad_
> _bezeichnet._
>
> _Sich selbst überlassen schwingt das System in_
> _einer ganz bestimmten Form - Eigenform - mit der_
> _ihr eigenen Frequenz. Das System hat nur eine_
> _Eigenfrequenz._

Die in der Praxis auftretenden Schwingungsvorgänge erweisen sich bei genauer Betrachtung im allgemeinen als weitaus komplizierter als bisher dargestellt, da sich Schaltelemente mit den im Ersatzschaltbild angenommenen idealen Eigenschaften praktisch nicht realisieren lassen.

Die Windungen einer Spule stellen z.B. nicht nur eine Induktivität dar, sondern bilden gegeneinander auch Kapazitäten, so daß außer den Umspeichervorgängen zwischen dieser Spule und einem mit ihr zusammengeschalteten Kondensator auch innerhalb der Spule selbst Energiependelungen auftreten. Ein Reihenschwingkreis aus L und C wird also durch

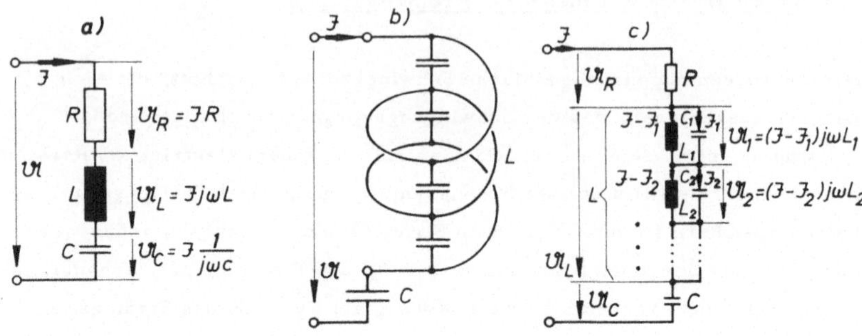

Bild 66 Elektrischer Reihenschwingkreis, a) einfachstes Ersatzschaltbild, b) verfeinerte Modellvorstellung für die Spule, c) Ersatzschaltbild des Schwingkreises mit mehreren Freiheitsgraden

ein Ersatzschaltbild entsprechend Bild 66c genauer beschrieben als durch
das in Bild 66a dargestellte. Man erkennt daraus, daß außer der Schwingung in der <u>ersten Eigenform</u>, die dem durch $\mathfrak{J}$ beschriebenen Energieaustausch zwischen L und C entspricht, offensichtlich weitere Schwingungseigenformen möglich sind, die als Energiependelungen zwischen
den Teilinduktivitäten L_1 ; L_2 ... und den Teilkapazitäten C_1, C_2 ...
innerhalb der Spule ablaufen.

Es ist weiter einleuchtend, daß sich die Schwingungen der einzelnen
Eigenformen gegenseitig beeinflussen. Sie sind miteinander gekoppelt
- Koppelschwingungen -. Der gesamte Schwingungsvorgang wird durch
ein System voneinander unabhängiger Gleichungen beschrieben. Überläßt
man nach geeigneter Anregung das System sich selbst, so verlaufen die
Schwingungen jeder Eigenform mit der ihr eigenen Frequenz, d.h. mit
der Eigenfrequenz der jeweiligen Eigenform.

Schwingkreise, deren Schwingungsvorgang durch
n Größen, also durch n voneinander unabhängige
Gleichungen, eindeutig beschrieben wird, nennt man

Schwingungssysteme mit n Freiheitsgraden. Der Schwingungsvorgang solcher Systeme läßt sich als Überlagerung von n Einzelschwingungen in n charakteristischen Eigenformen auffassen.

Sich selbst überlassen, d.h. als freier Schwinger, kann das System in n Eigenformen mit der für sie charakteristischen Eigenfrequenz schwingen. Die Intensität der einzelnen Eigenschwingungen wird durch die Anfangsbedingungen bestimmt, d.h. ein Schwingungsvorgang in einer bestimmten Eigenform kann nur von einer dieser Eigenform entsprechenden Erregung zum Schwingen angeregt werden.

Bei erzwungenen Schwingungen bilden sich nur die Schwingungseigenformen aus, deren Charakteristik der der Erregereinwirkung entspricht. In allen angeregten Eigenformen verläuft die Schwingung aber mit der Erregerfrequenz. Werden alle n Eigenformen erregt, so weist die Resonanzkurve, d.h. der Quotient Schwingungs- zu Erregergröße als Funktion der Erregerfrequenz, bei jeder der n Eigenfrequenzen ein Extremum auf. Es treten also soviel Extrema auf, wie das System Freiheitsgrade hat.

Bei der Betrachtung des vorstehend beschriebenen Reihenschwingkreises wurde nicht festgelegt, in wieviele Teilinduktivitäten und Teilkapazitäten die Spule unterteilt werden muß. Da Induktivität und Windungskapazität homogen über die ganze Spule verteilt sind, werden die Eigenschaften der Spule im Ersatzschaltbild - also einer Modellvorstellung - offensichtlich umso genauer beschrieben, je feiner man sie in einzelne L- und C-Elemente unterteilt. Damit steigt natürlich die Zahl der Freiheitsgrade des dem Ersatzschaltbild entsprechenden Schwingungsmodells, und die mathematische Behandlung wird aufwendiger.

So wie hier beispielhaft erläutert, müssen alle praktisch gegebenen Schwingungssysteme untersucht werden, um Ersatzmodelle zu entwerfen, die bei möglichst einfacher Struktur die praktischen Gegebenheiten hinreichend genau beschreiben.

> *Die Zahl der Freiheitsgrade, also die Zahl der*
> *voneinander unabhängigen Schwingungsvorgänge,*
> *die man einem Schwingungssystem zuschreibt,*
> *sind bis zu einem gewissen Grade willkürlich*
> *und allein davon abhängig, welche Vernach-*
> *lässigungen man in einem gegebenen Fall als*
> *zulässig ansieht.*

Es sei an dieser Stelle erwähnt, daß für die Gültigkeit und Tragweite der theoretischen Untersuchungen die Wahl des Ersatzschaltbildes von entscheidender Bedeutung ist. Die Zurückführung eines praktisch ausgeführten Schwingungssystems auf ein theoretisches Ersatzmodell ist daher als die eigentliche, allerdings auch als die schwierigste Aufgabe des Ingenieurs anzusehen. Dagegen ist die rechnerische Untersuchung der physikalischen Vorgänge in den gewählten Ersatzmodellen mehr als eine - unter Umständen aufwendige - handwerkliche Arbeit zu betrachten, wobei die Beherrschung der notwendigen mathematischen Methoden selbstverständlich vorausgesetzt werden muß.

Die allgemeine Behandlung von Schwingungsvorgängen in Systemen mit mehr als zwei Freiheitsgraden soll erst bei der Betrachtung der Schaltvorgänge erfolgen. Im Rahmen der in diesem Kapitel dargestellten stationären erzwungenen Schwingungen lassen sich elektrische Schwingkreise mit mehr als zwei Freiheitsgraden relativ einfach mit den bekannten Methoden der komplexen Wechselstromrechnung (siehe 3.2.3) berechnen, ohne das System der n Differentialgleichungen allgemeingültig zu lösen. Dabei ist zu beachten, daß entsprechend der Zahl der Freiheitsgrade n Resonanzstellen auftreten.

*Im Gegensatz zu Netzwerken, die neben ohmschen
Widerständen nur induktive oder kapazitive
Speicher enthalten, können an bzw. in den Schaltelementen der Schwingkreise auch bei stationärer
Erregung Spannungen und Ströme auftreten, die
ganz erheblich über den Werten der Eingangsgrößen
liegen.*

5. Mehrphasensysteme

5.1. Allgemeine Betrachtungen und Definitionen

Die bisherigen Betrachtungen beziehen sich auf Anordnungen, bei denen
dem Verbraucher über zwei Leiter bzw. Klemmen eine Wechselspannung
zugeführt wird und die man demzufolge als Einphasensysteme bezeichnet.
Darüber hinaus gibt es die sogenannten Mehrphasensysteme, bei denen
zwischen mehreren Leitern mehrere in der Phasenlage und gegebenen-
falls der Amplitude unterschiedliche Spannungen auftreten, die nach bestimmten Gesetzmäßigkeiten elektrisch und magnetisch gekoppelt sind.
Einen Einblick in das Wesen und die charakteristischen Erscheinungs-
formen von Mehrphasensystemen vermittelt die schematische Darstellung einer prinzipiellen Möglichkeit zur Erzeugung eines Mehrphasen-
systems gemäß Bild 67 (siehe auch die schematische Darstellung der
Realisierung eines Einphasensystems in 2.1).

Auf einer mit der Winkelgeschwindigkeit ω rotierenden Welle sind mehrere um den räumlichen Winkel α gegeneinander versetzte Spulen angeordnet. Wie zu Bild 5 erklärt, ändert sich infolge der Drehung der
von den einzelnen Spulen umschlungene Fluß sinusförmig $\Phi(t) =$
$= \hat{\Phi} \sin \omega t$. Jeweils gleiche Flußkomponenten werden aber von den einzelnen Spulen entsprechend ihrer räumlichen Versetzung zeitlich phasenverschoben umfaßt. Die in den einzelnen Spulen induzierten Spannungen $u(t) = d\Phi(t)/dt$ - die z.B. über je zwei Schleifringe von den

rotierenden Spulen abgegriffen werden können - haben daher ebenfalls eine zeitliche Phasenverschiebung gegeneinander.

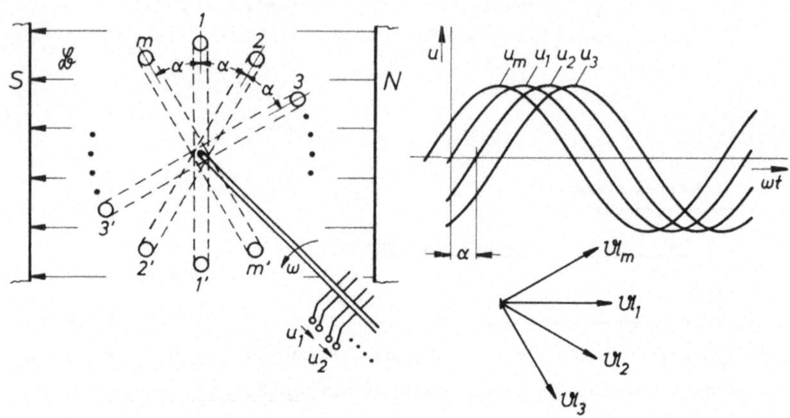

Bild 67 Schematische Darstellung der Erzeugung eines m-phasigen Spannungssystems mittels rotierender Spulen in einem homogenen Magnetfeld

Nimmt man entsprechend Bild 67 an, daß zur Zeit $t = 0$ die Spule 1 den maximalen Fluß umschlingt, so lassen sich die in den Spulen induzierten Spannungen wie folgt beschreiben:

Im Zeitbereich   bzw. als komplexe Zeiger

$$u_1 = \hat{U} \sin \omega t \qquad\qquad \mathfrak{U}_1$$

$$u_2 = \hat{U} \sin (\omega t - \alpha) \qquad\qquad \mathfrak{U}_2 = \mathfrak{U}_1 e^{-j\alpha}$$

$$\vdots \qquad\qquad\qquad\qquad\qquad \vdots$$

$$u_\nu = \hat{U} \sin [\omega t - (\nu - 1)\alpha] \qquad \mathfrak{U}_\nu = \mathfrak{U}_1 e^{-j(\nu - 1)\alpha}$$

$$\vdots \qquad\qquad\qquad\qquad\qquad \vdots$$

$$u_m = \hat{U} \sin [\omega t - (m - 1)\alpha] \qquad \mathfrak{U}_m = \mathfrak{U}_1 e^{-j(m - 1)\alpha}$$

Bei den meisten praktisch eingesetzten Wechselspannungserzeugern sind
die Spulen, in denen die einzelnen Spannungen induziert werden, räumlich feststehend in einem zylinderförmigen Ständer angeordnet, wie dieses schematisch in Bild 68 skizziert ist. Relativ zu diesen feststehenden
Spulen rotiert mit der Winkelgeschwindigkeit ω das Magnetfeld, welches
von der gleichstromdurchflossenen Erregerwicklung des rotierenden Pol-
rades erzeugt wird.

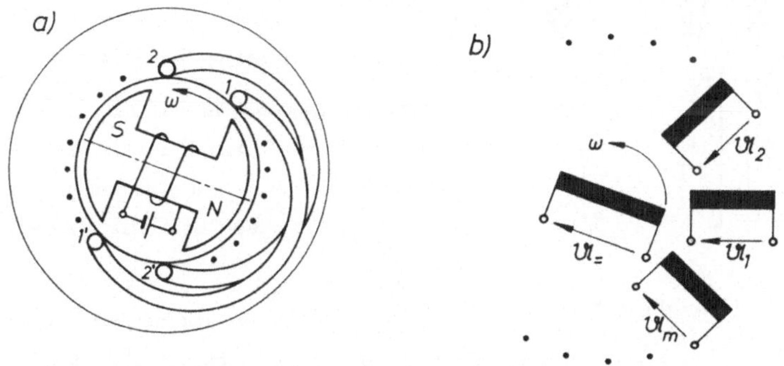

Bild 68 Mehrphasen-Spannungserzeuger, a) Prinzipskizze einer praktischen Ausführung, b) Ersatzschaltbild eines Generators*

Eine solche Maschine, in der m im allgemeinen gleiche Spulen angeordnet sind, von denen m untereinander phasenverschobene Spannungen ab-
genommen werden können, nennt man <u>Mehrphasenmaschine</u>. Ein Netzwerk, welches, wie in Bild 69 dargestellt, aus einer Mehrphasenmaschi-
ne besteht, an deren Wicklungen über "<u>Leiter</u>" Belastungswiderstände angeschlossen sind, wird als <u>Mehrphasensystem</u> bezeichnet. Die einzelnen
Wicklungen einer solchen Maschine wurden früher auch als "Phasen" bezeichnet, heute aber allgemein als "<u>Wicklungsstränge</u>" oder einfach
"<u>Stränge</u>".

---

*In den Ersatzschaltbildern werden die Wicklungen im allgemeinen nicht,
 wie in Bild 68 b) dargestellt, radialsymmetrisch angeordnet, sondern
 nebeneinander, wie in Bild 69.

Die bisher dargestellten Mehrphasensysteme nennt man <u>offene Systeme</u>.
Die einzelnen Systeme haben keine galvanische Verbindung untereinander,
d. h., jede spannungserzeugende Spule ist über zwei Leitungen mit ihrer
Belastung verbunden. Bei einem m-phasigen System werden also 2 m
Leitungen benötigt.

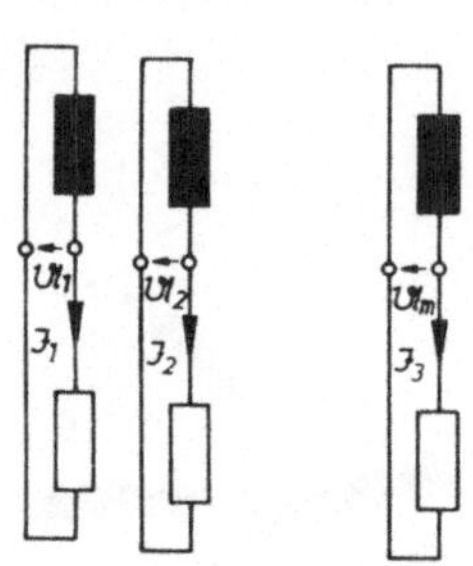

Bild 69 Mehrphasen-
system in offe-
ner Schaltung

Der <u>Nachteil</u> offener Systeme ergibt sich
aus dem hohen Leiteraufwand, der zur
Energieübertragung zwischen Generator
und Verbraucher erforderlich ist.

Ihr <u>Vorteil</u> liegt darin, daß keine Verluste
auftreten durch Kurzschlußströme, die in
galvanisch verbundenen Strängen infolge
Unsymmetrien oder Oberwellen fließen
können.

Durch geeignete Zusammenschaltung der
einzelnen Stränge - man spricht dann von
<u>verketteten Systemen</u> - läßt sich der zur
Energieübertragung notwendige Leitungsaufwand ganz erheblich reduzie-
ren. Theoretisch gibt es eine mit steigender Strangzahl zunehmende Zahl
von Kombinationsmöglichkeiten, die einzelnen Stränge untereinander zu
verbinden (zu verketten). Von praktischem Interesse sind aber nur
<u>symmetrische Anordnungen</u>, die bei beliebiger Strangzahl nur durch je
zwei verschiedene Schaltungskombinationen realisiert werden,
die <u>Sternschaltung</u> und die <u>Ring-</u> oder <u>Polygonschaltung</u>.

Bei der <u>Sternschaltung</u> werden die Enden bzw. Anfänge aller Stränge in
einer einzigen Klemme verbunden - dem <u>Stern-</u> oder <u>Mittelpunkt</u> -. Die
Übertragung der Energie erfolgt dann mit den Strangströmen, die in den
mit den Stranganfängen bzw. -enden verbundenen Leitern zum Verbraucher fließen und von dort über eine gemeinsame Leitung, dem <u>Mittel-</u>
oder <u>Sternpunktleiter</u>, zurück zum Sternpunkt.

In dem für alle Stränge gemeinsamen Mittelpunktleiter fließt die Summe

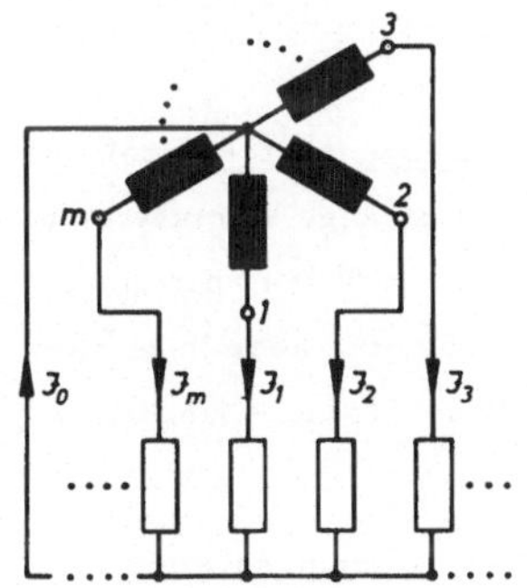

Bild 70 Mehrphasensystem in
        Sternschaltung

aller Leiterströme:

$$\mathfrak{I}_0 = \mathfrak{I}_1 + \mathfrak{I}_2 + \ldots \mathfrak{I}_m \, .$$

Bei den in der Praxis immer angestrebten symmetrischen Systemen ist
die Summe aller Ströme gleich Null
($\mathfrak{I}_0$ = 0), so daß man auf den Mittelpunktleiter verzichten kann.

<u>Bei der Ringschaltung</u> werden jeweils Anfang und Ende zweier aufeinan-
derfolgender Stränge verbunden. Die Übertragungsleitungen sind an die-

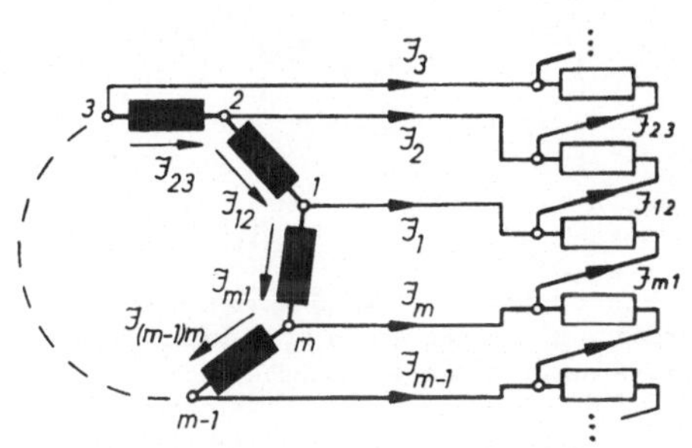

Bild 71 Mehrphasensystem in Ring-
        schaltung

se Verbindungspunkte
angeschlossen, so daß
jeder Leiter gleichzei-
tig als Hinleitung des
Stromes zu dem einen
Strang und als Rücklei-
tung des Stromes von
dem nachfolgenden dient.
In jeder Übertragungs-
leitung fließt also je-
weils nur die Differenz
zweier Strangströme.

Außer nach der Schaltungsart der Stränge werden die Mehrphasensysteme unterteilt in <u>symmetrische</u> und <u>unsymmetrische Systeme.</u>

5.2. Symmetrische Mehrphasensysteme

Als __symmetrischen m-phasigen Wechselspannungsgenerator__ bezeichnet
man einen solchen, dessen m unter sich gleiche Stränge symmetrisch
über den Umfang verteilt angeordnet sind, so daß in ihnen Spannungen
mit gleichem zeitlichem Verlauf induziert werden, die aber in je zwei
aufeinanderfolgenden Strängen jeweils eine Phasenverschiebung von $2\pi/m$
haben.

Diese m Spannungen werden als __symmetrisches Spannungssystem__ bezeichnet, da die Spannungszeiger einen symmetrischen Stern darstellen.

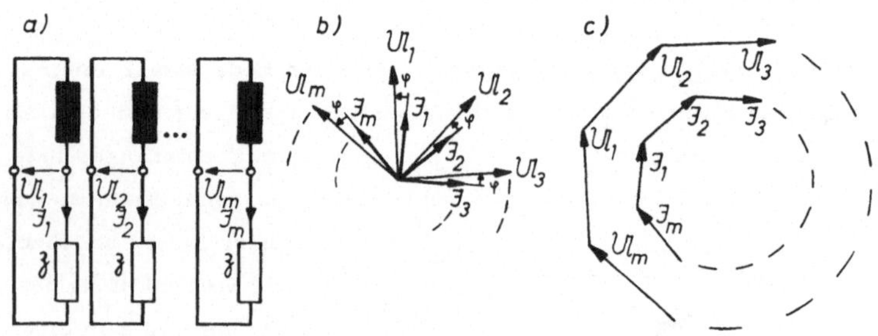

Bild 72 Symmetrisches Mehrphasensystem, a) symmetrisch belasteter
symmetrischer Generator, b) Zeiger eines symmetrischen
Spannungs- und Stromsystems, c) Zeigersumme von b)

Von einer __symmetrischen Last__ spricht man, wenn an die m Stränge m
gleiche Wechselstrom-Widerstände mit jeweils gleichen Wirk- und Blindkomponenten angeschlossen sind.

Ein __symmetrisches Stromsystem__ tritt auf, wenn an einer symmetrischen
Last ein symmetrisches Spannungssystem liegt. Die Stromzeiger stellen
einen symmetrischen Stern dar.

Werden die Zeiger eines symmetrischen Sternes summiert, so ergibt
sich, wie man leicht einsieht, ein geschlossener Kreis, d.h., die Sum-

me ist gleich Null.

In einem symmetrischen System ist die Summe der
Spannungs- bzw. Stromzeiger gleich Null:

$$\sum_{\nu=1}^{m} \mathfrak{U}_\nu = 0 \quad ; \quad \sum_{\nu=1}^{m} \mathfrak{J}_\nu = 0 \; .$$

Die Umkehrung dieses Satzes gilt nicht, denn
nicht jedes Zeigersystem, dessen Summe gleich
Null ist, ist ein symmetrisches.

In diesem Satz wird ein für Mehrphasensysteme äußerst wichtiger Tat-
bestand zum Ausdruck gebracht, der genutzt wird bei der

Sternschaltung, in deren Sternpunkt die Summe der Strangströme gleich Null ist, so daß man die Sternpunkte - z.B. von
Generator und Belastung - nicht untereinander zu verbinden
braucht.

Ringschaltung, deren Stränge so in einem geschlossenen Kreis
zusammengeschaltet werden können, daß die Summenspannung
Null ist, also kein Kurzschlußstrom in dem galvanisch geschlossenen Ring fließt.

5.2.1. Sternschaltung

Zur Erläuterung der in Sternschaltungen auftretenden Spannungs- und
Stromverhältnisse wird ein in Stern geschalteter Generator betrachtet
(Bild 73). Die Anfänge oder Enden aller Stränge sind in dem sogenannten
Stern-, Mittel- oder Nullpunkt M_p verbunden, und die in Richtung vom
Anfang zum Ende - oder auch umgekehrt - an die einzelnen Stränge ange-
tragenen Spannungszählpfeile $\mathfrak{U}_1, \mathfrak{U}_2 \ldots \mathfrak{U}_m$ werden in ihrer Zeiger-

darstellung durch einen symmetrischen Spannungsstern beschrieben.
Diese sogenannten <u>Strangspannungen</u> können also zwischen dem Sternpunkt und den offenen Strangklemmen gemessen werden und selbstverständlich auch zwischen dem Mittelpunktleiter und den einzelnen Leitern,
werden hier aber häufig als <u>Mittelpunkt-</u> oder <u>Sternpunktspannungen</u> be-
-zeichnet.

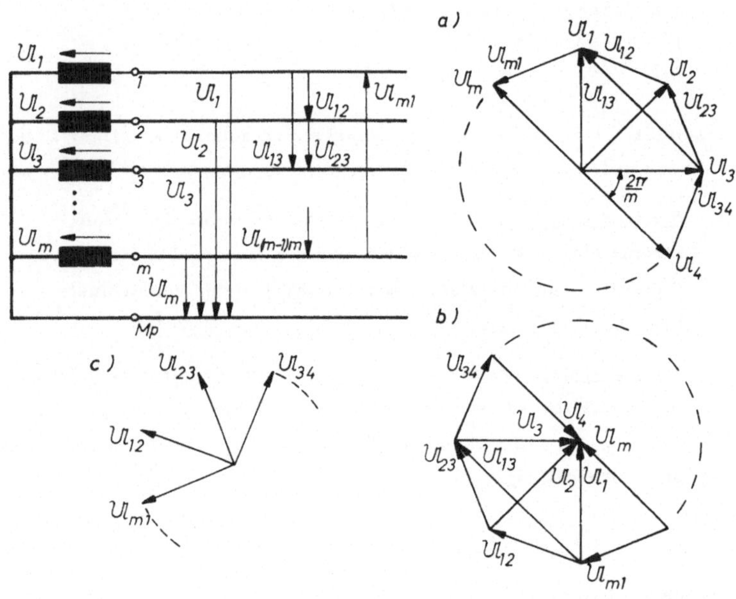

Bild 73 Darstellung der Spannungen und Ströme in einem m-phasigen
Netz mit Mittelpunktleiter, welches von einem Generator in
Sternschaltung versorgt wird. Zeigerbilder können völlig gleich-
berechtigt wie in a) oder b) dargestellt gezeichnet werden.

Infolge der galvanischen Verbindung aller Stränge im Sternpunkt können
außer diesen Sternpunktspannungen auch Spannungen zwischen je zwei

Leitern gemessen werden, die sich aus jeweils zwei Strangspannungen zusammensetzen und als verkettete- oder auch Leiterspannungen bezeichnet werden. Diese Leiterspannungen werden als komplexe Zeiger mit Hilfe des Kirchhoffschen Spannungssatzes aus den zugehörigen Strang- oder Sternpunktspannungen bestimmt. Dazu kann der Zählpfeil der zu ermittelnden Leiterspannung in beliebiger Richtung zwischen die beiden zugehörigen Leiter eingetragen werden. Die Bezeichnungen beider Leiter werden üblicherweise so als Doppelindex an den Spannungszeiger geschrieben, daß der Zählpfeil von dem durch den ersten Index bezeichneten Leiter zu dem durch den zweiten bezeichneten weist.

Wie aus Bild 73 zu ersehen, treten soviel verschiedene Leiterspannungen auf, wie Zweierkombinationen zwischen den Leitern möglich sind. Von besonderer Bedeutung ist das Leiterspannungssystem, welches aus den Spannungen zwischen je zwei aufeinanderfolgenden Leitern gebildet wird. Zweckmäßigerweise werden die Zählpfeile dieser Leiterspannungen so zwischen je zwei aufeinanderfolgende Leiter eingetragen, daß sie einen geschlossenen Umlauf ergeben (Zählpfeile weisen vom Leiter 1 nach 2, 2 nach 3 ... m nach 1). Dann ergeben sich aus den Kirchhoffschen Spannungssätzen die Zeiger der Leiterspannungen so, daß sie ein geschlossenes Polygon (Bild 73a oder b) und damit einen symmetrischen Stern darstellen (Bild 73c), von dem offensichtlich auf die - bei symmetrischen Strangspannungen immer gegebene - Symmetrie des Systems der zwischen je zwei aufeinanderfolgenden Leitern auftretenden Leiterspannungen geschlossen werden kann.

Die Leiterspannungen können mit Hilfe des Spannungssatzes und den gemäß Bild 73 gewählten Zählpfeilen aus den Sternpunktspannungen wie folgt bestimmt werden.

$$\mathfrak{U}_{\nu\mu} = \mathfrak{U}_{\nu} - \mathfrak{U}_{\mu} \qquad\qquad (31\,a)$$

Der Betrag der Leiterspannung kann aus dem Betrag der für alle Stränge gleichen Strangspannung nach der Beziehung

$$U_{\nu\mu} = 2\, U_{Str.} \left| \sin \frac{\pi}{m} (\nu - \mu) \right| \qquad\qquad (31\,b)$$

berechnet werden.

Man erkennt, daß aus einem symmetrischen Sternspannungssystem immer auch ein oder mehrere symmetrische Leiterspannungssysteme gebildet werden können.

$$\mathfrak{U}_{1\,2} = \mathfrak{U}_1 - \mathfrak{U}_2$$
$$\mathfrak{U}_{2\,3} = \mathfrak{U}_2 - \mathfrak{U}_3$$
$$\vdots$$
$$\mathfrak{U}_{m\,1} = \mathfrak{U}_m - \mathfrak{U}_1$$

$$\mathfrak{U}_{1\,3} = \mathfrak{U}_1 - \mathfrak{U}_3$$
$$\mathfrak{U}_{2,4} = \mathfrak{U}_2 - \mathfrak{U}_4 \quad .$$
$$\vdots$$

Darüber hinaus können aber in Systemen mit mehr als drei Phasen auch unsymmetrische Systeme dargestellt werden, z.B.:

$$\mathfrak{U}_{1\,2} = \mathfrak{U}_1 - \mathfrak{U}_2$$
$$\mathfrak{U}_{1\,3} = \mathfrak{U}_1 - \mathfrak{U}_3$$
$$\vdots$$
$$\mathfrak{U}_{1\,m} = \mathfrak{U}_1 - \mathfrak{U}_m \quad .$$

Die <u>Leiterströme</u> sind bei der Sternschaltung gleich den Strangströmen. Sie werden mit einem Index, der der Bezeichnung des zugehörigen Leiters entspricht, gekennzeichnet.

Bei einem symmetrischen Stromsystem hat der Mittelpunktleiter keine Bedeutung, da die Summe der Ströme gleich Null ist. Wenn er in den gebräuchlichen Dreiphasensystemen häufig mitgeführt wird, dann mit dem Zweck, in den Netzen zwei verschieden große Spannungen zu haben.

Wird eine <u>Belastung,</u> die aus m gleichen Widerständen $\mathfrak{z}$ besteht, in Stern geschaltet und an ein m-phasiges Netz gelegt, so gelten für diese alle vorstehend für einen Generator angestellten Betrachtungen. Im Sternpunkt ist die Summe der Ströme gleich Null, so daß unabhängig davon, ob der Sternpunkt mit dem Mittelpunktleiter verbunden ist oder nicht, die Spannungsabfälle an den einzelnen Belastungswiderständen - auch allgemein als Stränge bezeichnet - ein symmetrisches Spannungssystem (Sternpunktspannungen) bilden, das nach Gl. (31) berechnet werden kann.

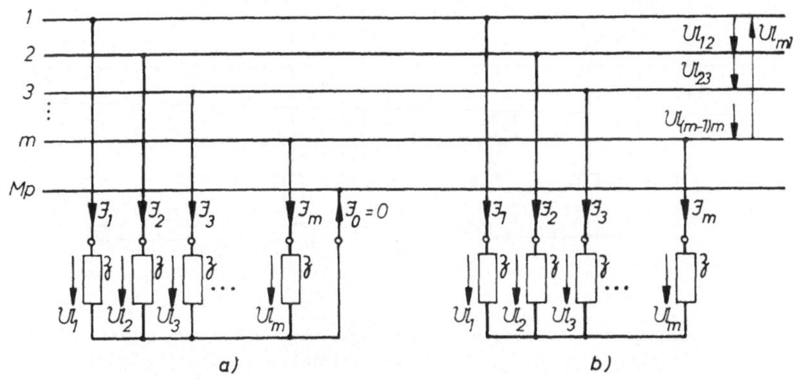

Bild 74 Sternschaltung einer Belastung, a) mit angeschlossenem, b) mit offenem Sternpunkt

Bei der Sternschaltung ist die verkettete bzw. Leiterspannung gleich der geometrischen Differenz der beiden Strangspannungen, aus denen sie gebildet wird. Strangstrom und Leiterstrom sind identisch.

An einer symmetrischen in Stern geschalteten Last, die an ein Netz mit symmetrischer Leiterspannung angeschlossen ist, tritt ein symmetrisches Sternspannungssystem auf unabhängig davon, ob der Sternpunkt mit dem Mittelpunktleiter des Netzes verbunden ist oder nicht.

Von der Gültigkeit des letzten Satzes wird in der Praxis häufig Gebrauch gemacht, um in einem Netz ohne Mittelpunktleiter die Sternpunktspannungen zu erfassen, z.B. bei der Leistungsmessung (siehe Bild 75). An

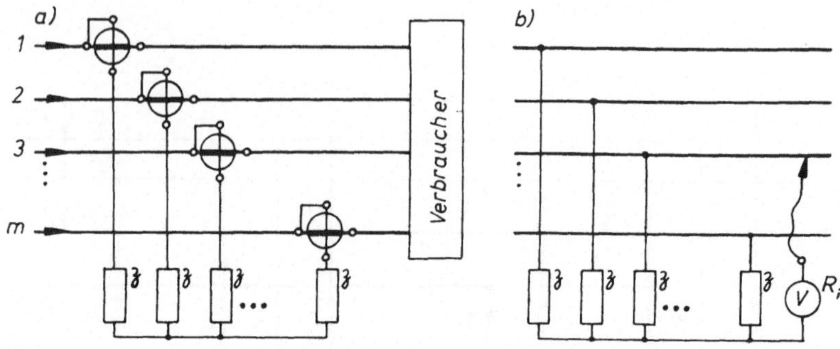

Bild 75 Messung der Sternpunktspannungen mit Hilfe eines künstlichen Sternpunktes, a) bei der Leistungsmessung, b) mit einem Voltmeter

die m Leiter eines Netzes werden m beliebige, aber gleich große Widerstände angeschlossen und in Stern geschaltet. Zwischen dem sogenannten künstlichen Sternpunkt und den einzelnen Leitern treten die Sternpunktspannungen auf und können praktisch gemessen werden, z.B. in den Spannungspfaden der Leistungsmesser (Bild 75 a) oder mit einem Spannungsmesser (Bild 75 b). Zu beachten ist aber, daß der Widerstand des Spannungsmessers groß ist gegenüber den Widerständen, die den künstlichen Sternpunkt bilden, da anderenfalls bei der Messung eine merkbare Unsymmetrie auftritt, durch die die Sternpunktspannung verfälscht wird (siehe Meßtechnik und Abschnitt 5. 3. 1. 3).

5.2.2. <u>Ringschaltung</u>

Da bei einem symmetrischen Spannungssystem die Summe der Spannungen gleich Null ist, können die Stränge eines symmetrischen Mehrphasengenerators auch in einer Ringschaltung verbunden werden, ohne daß in diesem galvanisch geschlossenen Kreis ein Kurzschlußstrom fließt. Wie aus Bild 76 deutlich hervorgeht, ist bei der Ringschaltung die Leiterspannung zwischen je zwei aufeinanderfolgenden Leitern gleich der zwischen diesen liegenden Strangspannung ($\mathfrak{U}_{\nu,(\nu+1)} = \mathfrak{U}_{Str.\,\nu,(\nu+1)}$), d.h. diese Leiterspannungen bilden ein symmetrisches Spannungssystem, welches gleich ist dem Strangspannungssystem. Darüber hinaus treten bei Systemen mit mehr als drei Phasen weitere Leiterspannungen auf, ähnlich wie bei der Sternschaltung 5.2.1 beschrieben, die hier aber mit den Zählpfeilen in Bild 76 aus den Leiterspannungen $\mathfrak{U}_{\nu,(\nu+1)}$, die den

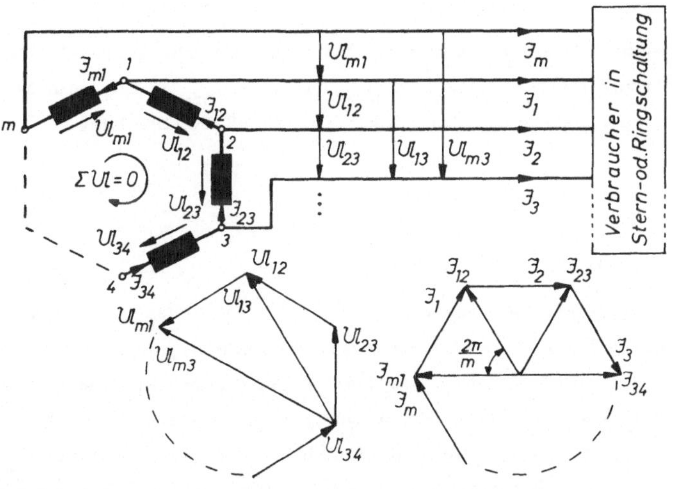

Bild 76 Darstellung der Spannungen und Ströme in einem Netz, welches von einem Generator in Ringschaltung versorgt wird

Strangspannungen gleich sind, nach der Beziehung

$$\mathfrak{U}_{\nu,(\nu+\mu)} = \mathfrak{U}_{\nu,(\nu+1)} + \mathfrak{U}_{(\nu+1),(\nu+2)} + \cdots + \mathfrak{U}_{[\nu+(\mu-1)],(\nu+\mu)}$$

berechnet werden.

Ein Mittelpunktleiter existiert infolge des fehlenden Sternpunktes nicht. Trotzdem ist in den Leiterspannungen ein Sternspannungssystem enthalten. Es kann z.B. mit Hilfe eines künstlichen Sternpunktes gemessen werden.

Im Gegensatz zur Sternschaltung sind bei der Ringschaltung die Leiterströme aber nicht mehr gleich den Strangströmen. Sie ergeben sich vielmehr mit Hilfe des Knotenpunktsatzes und den in Bild 76 eingeführten Zählpfeilrichtungen als Differenz der Strangströme:

$$\mathfrak{J}_{\nu} = \mathfrak{J}_{\nu,(\nu+1)} - \mathfrak{J}_{(\nu-1),\nu} . \tag{32 a}$$

Bei einem m-phasigen System wird der Zusammenhang zwischen dem für alle Stränge gleichen Betrag der Strangströme $I_{Str.}$ und dem für alle Leiter gleichen Betrag der Leiterströme I_L durch die Gleichung

$$I_L = 2\,I_{Str.}\,\sin \frac{\pi}{m} \tag{32 b}$$

beschrieben.

<u>Wird eine Belastung</u>, die aus m gleichen Widerständen $\mathfrak{z}$ besteht, in Ring geschaltet und an ein m-phasiges Netz gelegt, so gelten die gleichen Betrachtungen wie für den Generator. An den einzelnen Widerständen liegt die Leiterspannung; der von ihnen aufgenommene Strom $\mathfrak{J}_{\nu(\nu+1)} = \mathfrak{U}_{\nu(\nu+1)} / \mathfrak{z}$ ist aber nicht gleich dem Leiterstrom. Letzterer ergibt sich vielmehr entsprechend Gl. (32) als Differenz der beiden Ströme, die in den an diesen Leiter angeschlossenen Widerständen $\mathfrak{z}$ fließen.

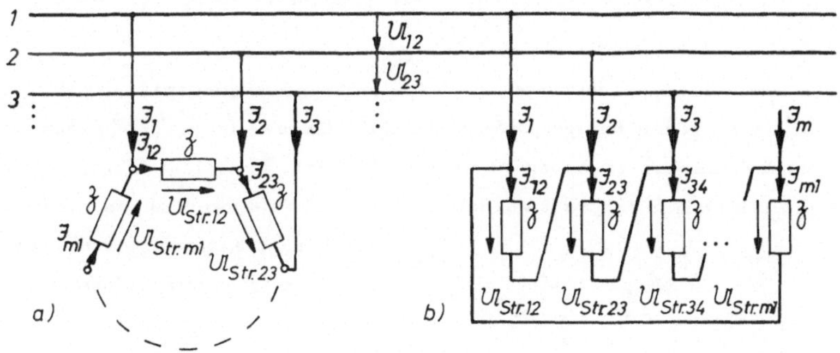

Bild 77 Ringschaltung einer Belastung, a) in der bisher verwendeten
kreisförmig gezeichneten Anordnung, b) in der üblicherweise
gewählten Darstellungsart

*Bei der Ringschaltung ist die Leiterspannung (ver-
kettete Spannung) zwischen zwei aufeinanderfolgenden Leitern gleich der Strangspannung. Der Leiterstrom ist gleich der geometrischen Differenz der
beiden Strangströme, aus denen er gebildet wird.*

5.2.3. Mehrphasensysteme besonderer Bedeutung

Von den vorstehend betrachteten Mehrphasensystemen mit beliebiger
Phasenzahl haben Bedeutung für die Praxis vor allem Dreiphasensysteme
und für theoretische Betrachtungen (Zweiachsentheorie elektrischer Maschinen) die unsymmetrischen Zweiphasensysteme.

Systeme mit mehr als drei Phasen werden eigentlich nur in der Energietechnik für Gleichrichterschaltungen genutzt. Dabei wird aber die Phasenzahl aus naheliegenden Gründen immer so gewählt, daß diese Systeme
mit Hilfe statischer Maschinenumformer - also mit Transformatoren -

aus den Dreiphasensystemen der Versorgungsnetze abgeleitet werden können.

Bei einem Sechsphasensystem z. B. treten drei Spannungspaare, gebildet aus je zwei gegenphasigen Spannungen auf, die jeweils um 120° gegeneinander phasenverschoben sind (siehe Bild 78). Ein solches Spannungssystem kann z. B. erzeugt werden, indem die Primärwicklungen dreier Einphasentransformatoren - oder eines Dreiphasentransformators - an die Spannungen eines symmetrischen Dreiphasensystems angeschlossen werden. Ordnet man bei jedem der Einphasentransformatoren zwei gleiche Sekundärwicklungen mit entgegengesetztem Wicklungssinn an, so treten an diesen zwei gleich große, aber gegenphasige Spannungen auf, so daß von den sechs Sekundärwicklungen der drei Transformatoren insgesamt ein symmetrisches Sechsphasensystem abgegriffen werden kann.

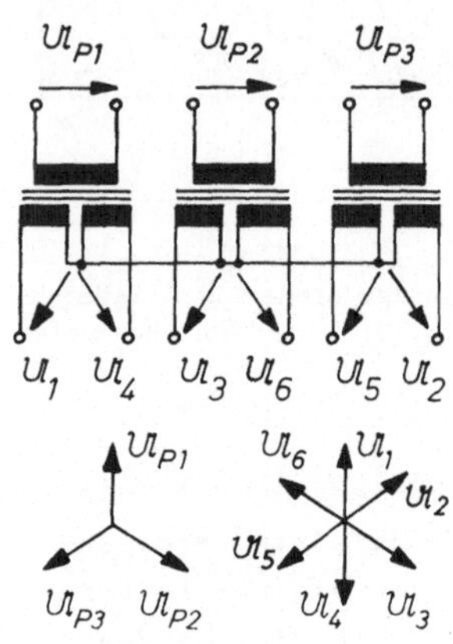

Bild 78 Erzeugung eines sechsphasigen Spannungssystems aus einem Dreiphasensystem mit Hilfe eines Transformators

Da der Oberwellengehalt der mit einer Gleichrichterschaltung erzeugten Gleichspannung mit zunehmender Phasenzahl stark zurückgeht, werden in der Gleichrichtertechnik auch 12-, 24- oder auch 36-phasige Systeme eingesetzt. Auch diese Systeme werden durch entsprechende Kunstschaltungen der Sekundärwicklungen von Dreiphasentransformatoren erzeugt.

5.2.3.1. Zweiphasensysteme

Bei einem <u>symmetrischen Zweiphasensystem</u> werden in zwei Strängen zwei gleichgroße Spannungen erzeugt, die aber in Gegenphase liegen, wie dieses in Bild 79 a dargestellt ist. In Stern geschaltet - das entspricht einer Reihenschaltung beider Wicklungen - ergibt sich ein "Dreileitersystem", bei dem die Leiterspannung doppelt so groß ist wie die Strangspannung (Bild 79 b). Bei symmetrischer Belastung ist der Strom im

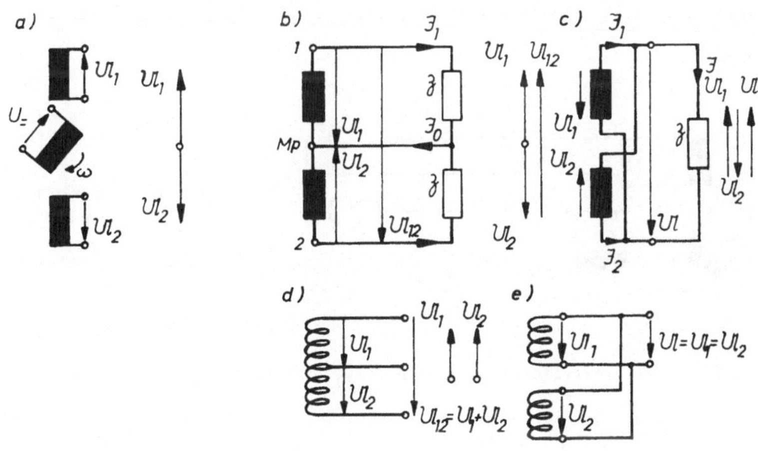

Bild 79 Symmetrisches Zweiphasensystem, a) schematische Darstellung der Spannungserzeugung, b) Schaltbild und Zeigerdiagramm bei Sternschaltung, c) Schaltbild bei Ringschaltung, d) und e) äquivalente Transformatorenschaltungen

Mittelpunktleiter gleich Null. Der Ringschaltung würde beim Zweiphasensystem eine Parallelschaltung der beiden Wicklungsstränge entsprechen (Bild 79 c), d.h., das Zweiphasensystem reduziert sich eindeutig zu einem Einphasensystem.

Das symmetrische Zweiphasensystem ist also im Grunde noch kein

Mehrphasensystem im eigentlichen Sinne. Dieses kommt besonders deutlich bei den Leistungs- und Drehfeldbetrachtungen in Abschnitt 5.5 bzw.
5.6 zum Ausdruck. Es handelt sich vielmehr um die Hintereinanderschaltung bzw. Parallelschaltung zweier Einphasensysteme, die beispielsweise auch mit einem Einphasentransformator, dessen zwei Sekundärwicklungen in Reihe bzw. parallel geschaltet sind, realisiert werden
können (Bild 79 d und e).

Das hier betrachtete <u>unsymmetrische Zweiphasensystem</u> besteht aus
zwei Strängen, in denen zwei gleichgroße, aber um 90° phasenverschobene Spannungen erzeugt werden, wie dieses in Bild 80 dargestellt ist.

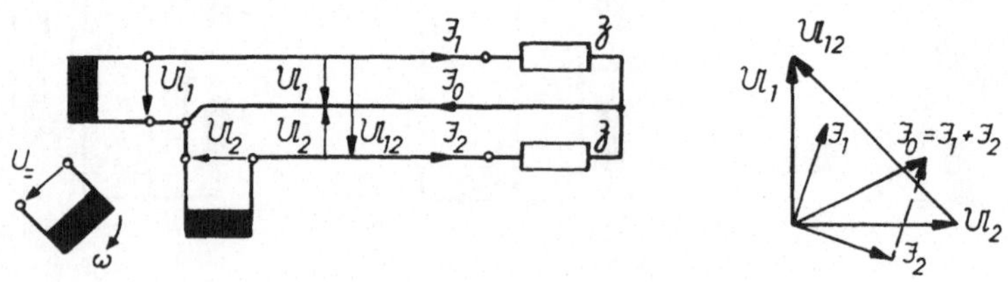

Bild 80 Unsymmetrisches Zweiphasensystem

Da das symmetrische Zweiphasensystem im Rahmen der Mehrphasensysteme völlig ohne Bedeutung ist, wird unter der Bezeichnung "<u>Zwei-
phasensystem</u>" allgemein dieses unsymmetrische Zweiphasensystem
verstanden.

Ein solches unsymmetrisches Zweiphasensystem kann praktisch nur als
Sternschaltung mit Mittelpunktleiter realisiert werden. Fehlt der Mittelpunktleiter, so tritt zwischen den beiden Außenleitern nur eine einphasi-
ge Spannung in Erscheinung, aus der man nicht so einfach wie bei höher-
phasigen Systemen (künstlicher Sternpunkt) die gegeneinander phasenverschobenen Strangspannungen praktisch ableiten kann. Eine der Ringschaltung entsprechende Parallelschaltung, wie z.B. beim symmetrischen

Zweiphasensystem, ist nicht möglich, da in dem dabei auftretenden galvanisch geschlossenen Kreis die Summe der Spannungen nicht Null ist, d.h., es würde ein Kurzschlußstrom in diesem Kreis fließen.

Für das Zweiphasensystem ergibt sich mit Hilfe des Kirchhoffschen Spannungssatzes die Beziehung zwischen der Leiter- und den Mittelpunktspannungen zu

$$\mathfrak{U}_{12} = \mathfrak{U}_1 - \mathfrak{U}_2$$

$$U_{12} = U_L = \sqrt{2}\, U_{Str.} \tag{33}$$

Die unsymmetrischen Zweiphasensysteme haben ihre größte Bedeutung in der theoretischen Behandlung von mehrphasigen Induktionsmaschinen erlangt. Das liegt daran, daß man Drehfelder unabhängig von der Strangzahl der Wicklungen und der Phasenzahl der Stromsysteme, von denen sie erzeugt werden, gleichwertig durch Zweiphasensysteme und damit in einfachster Weise durch zwei Gleichungssysteme beschreiben kann. Es werden daher aus ökonomischen Gründen bei sehr vielen Rechenverfahren die Mehrphasensysteme auf gleichwertige Zweiphasensysteme umgerechnet, über die dann die Drehfeldprobleme der Induktionsmaschinen behandelt werden.

Eine praktische An-

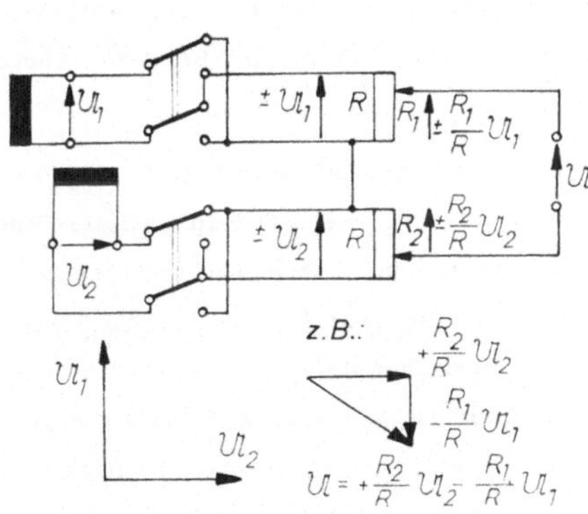

Bild 81   Erzeugung einer Spannung mit einstellbarem Betrag und Phasenwinkel aus einem unsymmetrischen Zweiphasensystem

wendung solcher Zweiphasensysteme ergibt sich daraus, daß man aus
zwei um 90° gegeneinander phasenverschobenen Spannungen mit Hilfe
von Umschaltern und Spannungsteilern eine Spannung beliebiger Größe
und beliebiger Phasenlage ableiten kann, wie dieses z.B. in Bild 81 dargestellt ist.

5.2.3.2. Dreiphasensysteme

Dreiphasensysteme, häufig auch als <u>Drehstromsysteme</u> bezeichnet, haben die größte praktische Bedeutung, da der weit überwiegende Teil der
elektrischen Energie heute in Form dreiphasiger Spannungs- und Stromsysteme erzeugt und verteilt wird. Der Grund für diese Wahl ist darin
zu sehen, daß sich mit dem Dreiphasensystem bei kleinster Strang- und
Leiterzahl, d.h. bei geringstem Leitungsaufwand, ein symmetrisches
Mehrphasensystem realisieren läßt, d.h. ein solches, bei dem sich mit
einem symmetrischen Strom- und Spannungssystem in Induktionsmaschinen ein reines Drehfeld erregen läßt (siehe Abschnitt 5.6) und der Augenblickswert der Systemleistung, das ist die Summe der Phasenleistungen,
zeitlich konstant ist (siehe Abschnitt 5.5).

In einem Dreiphasensystem werden die drei Leiter mit R, S, T bezeichnet, der Mittelpunktleiter mit Mp. Die zwischen Mittelpunktleiter und
den einzelnen Leitern gemessenen Stern- oder Strangspannungen werden
mit $\mathfrak{U}_R$, $\mathfrak{U}_S$, $\mathfrak{U}_T$ und die Leiterspannungen mit $\mathfrak{U}_{RS}$, $\mathfrak{U}_{ST}$, $\mathfrak{U}_{TR}$ bezeichnet. Wie man erkennt, treten in einem Dreiphasensystem nur drei
in ihrer Phasenlage verschiedene Leiterspannungen auf, da zwischen den
drei Leitern nur drei verschiedene Zweierkombinationen möglich sind.
Bei einem symmetrischen Strangspannungssystem existiert also auch
nur ein symmetrisches Leiterspannungssystem. Die in den Leitern flies-
senden Ströme werden mit $\mathfrak{I}_R$, $\mathfrak{I}_S$, $\mathfrak{I}_T$ bezeichnet und die in den Strängen einer Ringschaltung fließenden Ströme mit $\mathfrak{I}_{RS}$, $\mathfrak{I}_{ST}$, $\mathfrak{I}_{TR}$ allgemeiner

aber auch mit $\mathfrak{J}_{UX}$, $\mathfrak{J}_{VY}$, $\mathfrak{J}_{WZ}$. Anfang und Ende der einzelnen Stränge

dreiphasiger Generatoren oder Verbraucher werden mit U und X, V und

Y sowie W und Z bezeichnet.

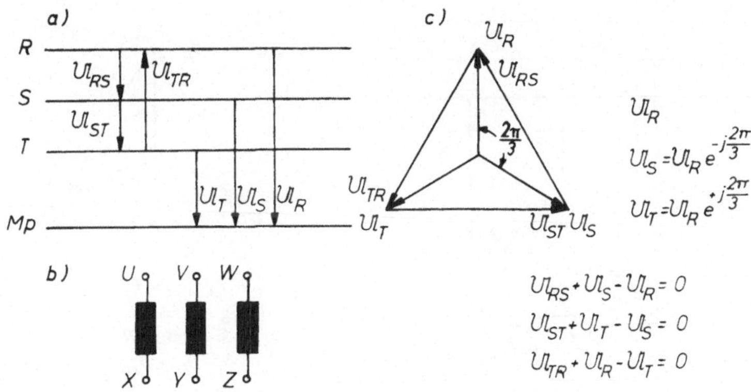

Bild 82 Zusammenstellung der Bezeichnungen im Dreiphasensystem,
a) Bezeichnung der Leiter und Spannungen, b) Bezeichnung der
Stränge, c) symmetrische Mittelpunkt- und Leiterspannungen,
bezogen auf die in a) eingetragenen Spannungszählpfeile.

Der Zusammenhang zwischen dem in allen drei Phasen gleichen Betrag

der Strang- oder Sternpunktspannung $U_{Mp} = |\mathfrak{U}_R| = |\mathfrak{U}_S| = |\mathfrak{U}_T|$ und dem der

Leiterspannung $U_L = |\mathfrak{U}_{RS}| = |\mathfrak{U}_{ST}| = |\mathfrak{U}_{TR}|$ ergibt sich aus Bild 82

zu $0,5\, U_L/U_{Mp} = \sin(2\pi/6)$.

$$\left| \quad U_L = \sqrt{3}\, U_{Mp} \right. \tag{34}$$

Die <u>Ringschaltung</u> wird beim Dreiphasensystem auch als <u>Dreieckschal-</u>

<u>tung</u> bezeichnet. Für sie ergibt sich mit Hilfe des Knotenpunktsatzes,

wie in Bild 83 dargestellt, der Zusammenhang zwischen dem in allen drei

Strängen gleichen Betrag der Strangströme $I_{Str.} = |\mathfrak{J}_{RS}| = |\mathfrak{J}_{ST}| = |\mathfrak{J}_{TR}|$

und der Leiterströme $I_L = |\mathfrak{J}_R| = |\mathfrak{J}_S| = |\mathfrak{J}_T|$ zu $0,5\, I_L/I_{Str.} =$

$= \sin(2\pi/6)$.

$$I_L = \sqrt{3}\, I_{Str.} \tag{35}$$

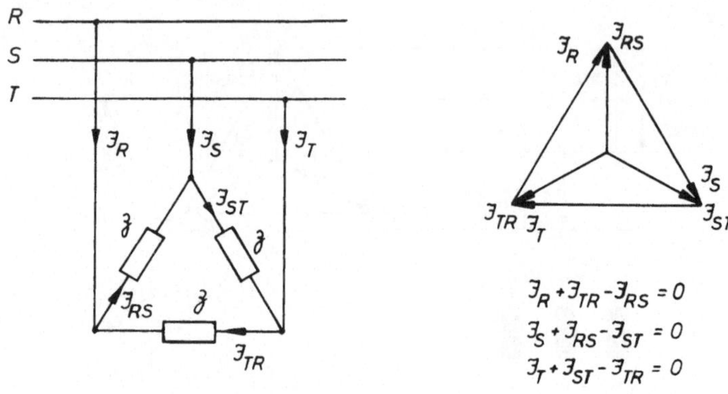

Bild 83 Leiter- und Strangströme bei der Dreieckschaltung

*In einem symmetrischen Dreiphasensystem sind
bei Dreieckschaltung die Strangspannungen gleich
den Leiterspannungen. Die Leiterströme sind um
den Faktor $\sqrt{3}$ größer als die Strangströme. Bei
der Sternschaltung sind die Leiterströme gleich
den Strangströmen, die Leiterspannungen aber um
den Faktor $\sqrt{3}$ größer als die Strangspannungen.*

Die beiden Schaltungen "Stern" und "Dreieck" bieten die Möglichkeit,
einen Verbraucher bei gleicher Leistungsaufnahme und gleichen Strang-
belastungen an zwei verschiedenen Leiterspannungen zu betreiben. Ein
symmetrischer Dreiphasenverbraucher, z.B. ein Dreiphasenmotor oder
ein dreiphasiges Heizgerät, besteht aus drei gleichgroßen Widerständen,
die konstruktiv für eine bestimmte Strangspannung und einen bestimmten

Strangstrom ausgelegt sind. Werden diese drei Widerstände des Verbrauchers in Dreieck geschaltet, so können sie an einem Dreiphasennetz betrieben werden, dessen Leiterspannung der Strangspannung des Verbrauchers entspricht. Der aus dem Netz aufgenommene Leiterstrom ist dann um den Faktor $\sqrt{3}$ größer als der Strangstrom. Wird der Verbraucher dagegen in Stern geschaltet (Bild 84), so kann er an einem Netz betrieben werden, dessen Leiterspannung um den Faktor $\sqrt{3}$ größer ist als die Strangspannung. Der dann aus dem Netz bezogene Leiterstrom ist gleich dem Strangstrom.

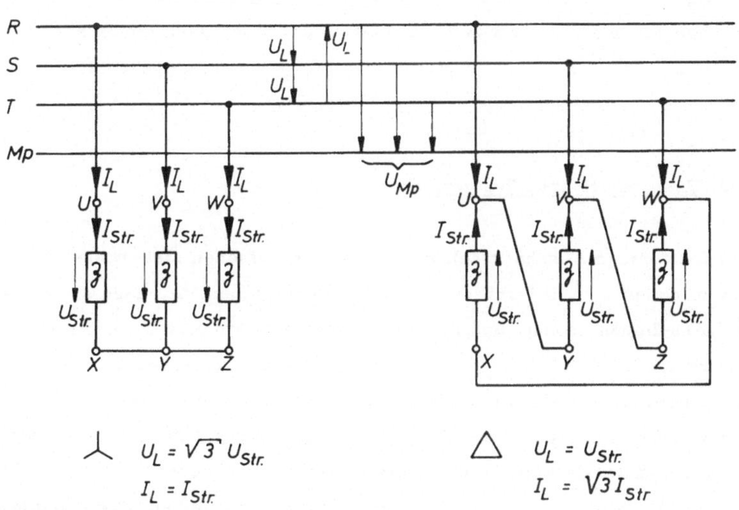

Bild 84 Stern- und Dreieckschaltung am Dreiphasennetz

Entsprechend den zwei Möglichkeiten der Schaltung eines Drehstromverbrauchers wird dieser in der Praxis im allgemeinen mit zwei Spannungs- und Stromangaben versehen, von denen sich die höhere Spannung auf die Stern- und die niedere auf die Dreieckschaltung bezieht, z.B. 220/380 V. Wird nur eine Spannung angegeben - üblicherweise ist das dann die Lei-

terspannung -, so muß zur eindeutigen Kennzeichnung gleichzeitig auch
die Schaltung der Stränge angegeben werden, auf die sich diese Leiterspannung bezieht.

Selbstverständlich kann ähnlich vorstehender Betrachtungen ein Verbraucher auch an einem Netz konstanter Leiterspannung mit zwei verschiedenen Strangspannungen betrieben werden. Z.B. kann zur Herabsetzung
des Einschaltstromes ein Motor, dessen Strangspannung gleich der Leiterspannung des Netzes ist, mit Hilfe eines Stern-Dreieck-Anlassers
zweistufig eingeschaltet werden. In der ersten Schaltstufe werden die
Stränge in Stern geschaltet und liegen damit an der $1/\sqrt{3}$-fachen Nennstrangspannung. In der zweiten Schaltstufe werden dann die Stränge von
Stern auf Dreieck, d.h. auf die Nennstrangspannung, umgeschaltet.

5.3. Unsymmetrische Systeme

Die im vorigen Abschnitt behandelten symmetrischen Mehrphasensysteme zeichnen sich dadurch aus, daß die elektrischen Vorgänge zwar phasenverschoben, sonst aber in allen Phasen zeitlich gleich verlaufen. Bei
der Behandlung solcher symmetrischen Systeme genügt es daher im allgemeinen, die Größen einer Phase allein zu betrachten, da sich in den
übrigen Phasen der gleiche Vorgang lediglich um $2\pi/m$ zeitlich phasenverschoben wiederholt. In der Praxis lassen sich jedoch solche symmetrischen Systeme nur in den wenigsten Fällen realisieren. Z.B. bemüht
man sich, die Einphasenbelastungen in den Haushaltungen möglichst
gleichmäßig auf die drei Phasen des Drehstromnetzes zu verteilen. Es
ist aber leicht einzusehen, daß in der Summe die Belastungswiderstände
für das Netz immer unsymmetrisch sein werden. Außerdem gibt es auch
bestimmte Großverbraucher, die einen unsymmetrischen Belastungswi-
derstand für das Netz darstellen.

Bei der Behandlung solcher unsymmetrischen Mehrphasensysteme ist es

unerläßlich, die Größen aller Phasen einzeln zu betrachten. In der
Praxis sind nun im allgemeinen die unsymmetrischen Verbraucherwiderstände relativ groß gegenüber den Innenwiderständen des Netzes. Außerdem werden die Energieerzeuger des Netzes, also die Drehstromgeneratoren, sowie die Netzleitungen und Transformatoren immer symmetrisch
ausgeführt, d.h., der Innenwiderstand des Netzes und das Spannungssystem der Energieerzeuger sind symmetrisch. Damit beschränkt sich
die durch ungleiche Verbraucherwiderstände im Netz auftretende Unsymmetrie auf das Stromsystem und, abhängig von der Schaltung der
Verbraucherwiderstände, mehr oder weniger stark auch auf die Spannungsabfälle, d.h. auf die Speisespannung der Verbraucherwiderstände.
Die am häufigsten auftretenden Unsymmetrieprobleme sollen im folgenden für die ebenfalls in der Praxis fast ausschließlich verwendeten Dreiphasensysteme betrachtet werden.

5.3.1. Unsymmetrische Belastung eines symmetrischen Dreiphasennetzes

Für die folgenden Betrachtungen wird angenommen, daß die unsymmetrischen Belastungswiderstände an ein starres Netz mit einem symmetrischen Leiter- bzw. Sternpunktspannungssystem angeschlossen sind.
Als "starr" bezeichnet man ein Netz, dessen Innenwiderstand gleich Null
ist, so daß auch bei Belastung durch ein unsymmetrisches Stromsystem
das Netzspannungssystem symmetrisch bleibt.

5.3.1.1. Unsymmetrische Dreieckbelastung

An ein Drehstromnetz seien drei in Dreieck geschaltete ungleiche Wech-
selstromwiderstände $\mathfrak{Z}_{RS} \neq \mathfrak{Z}_{ST} \neq \mathfrak{Z}_{TR}$ angeschlossen. Bei symmetrischer Leiterspannung des Netzes tritt an allen drei Widerständen eine

dem Betrage nach gleich große Spannung auf. Die Strangströme $\mathfrak{J}_{\nu\mu} =$ $= \mathfrak{U}_{L_{\nu\mu}} / \mathfrak{Z}_{\nu\mu}$ sind aber bei ungleichen Widerständen verschieden groß und haben gegenüber ihren Strangspannungen eine unterschiedliche Phasenverschiebung $\varphi_{\nu\mu} = \arctan(\mathrm{Im}\,\mathfrak{Z}_{\nu\mu} / \mathrm{Re}\,\mathfrak{Z}_{\nu\mu})$. Da sich die Leiterströme aus je zwei Strangströmen ergeben, werden auch die Leiterströme unsymmetrisch.

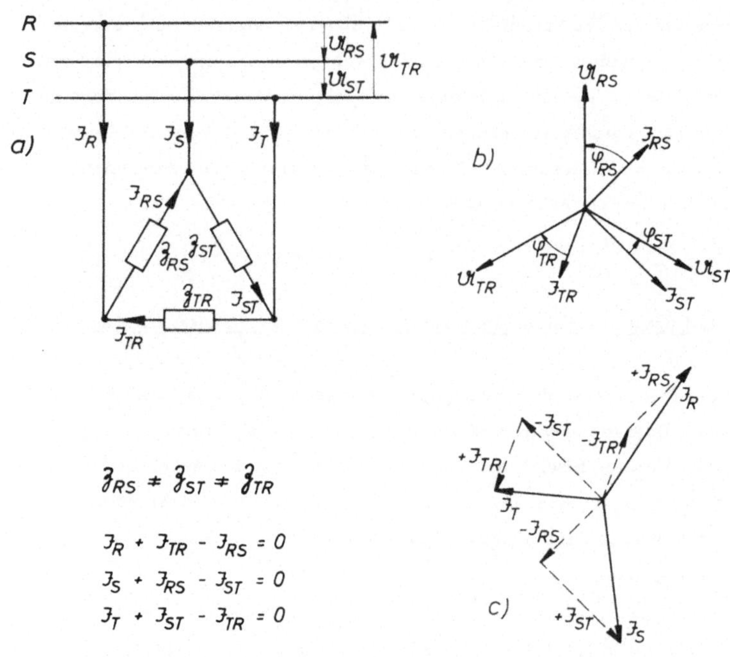

Bild 85 Unsymmetrische Dreieckbelastung, a) Schaltbild, b) symmetrisches Strangspannungssystem mit unsymmetrischem Strangstromsystem, c) unsymmetrisches Leiterstromsystem aus der Summe der Strangströme gebildet.

Bei unsymmetrischer Dreieckbelastung eines Netzes mit symmetrischen Leiterspannungen sind auch die Strangspannungen symmetrisch, die Strang- und Leiterströme jedoch unsymmetrisch.

5. 3. 1. 2. Unsymmetrische Sternbelastung mit angeschlossenem Mittelpunktleiter

An einem starren Drehstromnetz mit Mittelpunktleiter seien drei in Stern geschaltete ungleiche Wechselstromwiderstände $\mathfrak{Z}_R \neq \mathfrak{Z}_S \neq \mathfrak{Z}_T$ entsprechend Bild 86 angeschlossen. Bei symmetrischen Mittelpunktspannungen und einem widerstandslosen Mittelpunktleiter tritt an allen drei Widerständen eine dem Betrage nach gleichgroße Spannung auf. Die Strangströme und damit auch die Leiterströme $\mathfrak{J}_{Str.\nu} = \mathfrak{J}_{L\nu} = \mathfrak{U}_\nu / \mathfrak{Z}_\nu$ sind aber unsymmetrisch, d.h., ihre Summe ist nicht mehr gleich Null, so daß auch im Mittelpunktleiter ein Strom $\mathfrak{J}_0$ fließt.

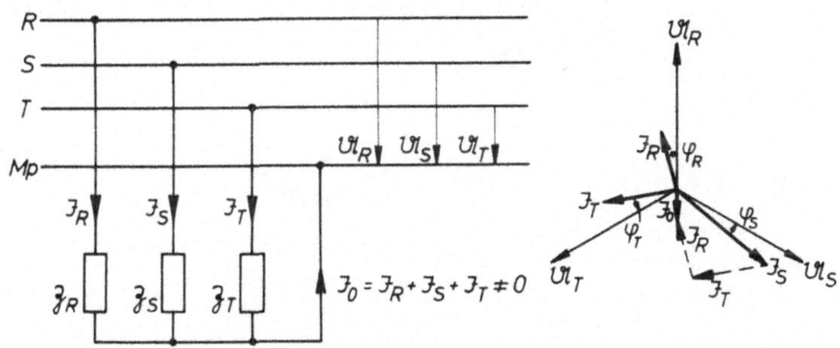

Bild 86 Unsymmetrische Sternbelastung mit angeschlossenem Sternpunkt

Liegt an einem Netz mit symmetrischen Mittelpunktspannungen eine in Stern geschaltete unsymmetrische Last, deren Sternpunkt mit dem Mittelpunkt-

*leiter verbunden ist, so sind die Strangspannungen
der Belastung symmetrisch, die Strang- und damit
die Leiterströme aber unsymmetrisch. Im Mittelpunktleiter fließt ein Strom.*

5. 3. 1. 3. <u>Unsymmetrische Sternbelastung mit freiem Sternpunkt</u>

An ein starres symmetrisches Drehstromnetz seien drei in Stern ge-
schaltete ungleiche Wechselstromwiderstände $\mathfrak{z}_R \neq \mathfrak{z}_S \neq \mathfrak{z}_T$ angeschlossen. Ihr Sternpunkt sei mit dem Mittelpunktleiter des Netzes <u>nicht</u> ver-
bunden. Da im Sternpunkt der Last die Summe der Ströme $\mathfrak{J}_R$, $\mathfrak{J}_S$ und
$\mathfrak{J}_T$ Null sein muß, stellen sich - wie folgende Betrachtung zeigt - unsymmetrische Strangspannungen ein.

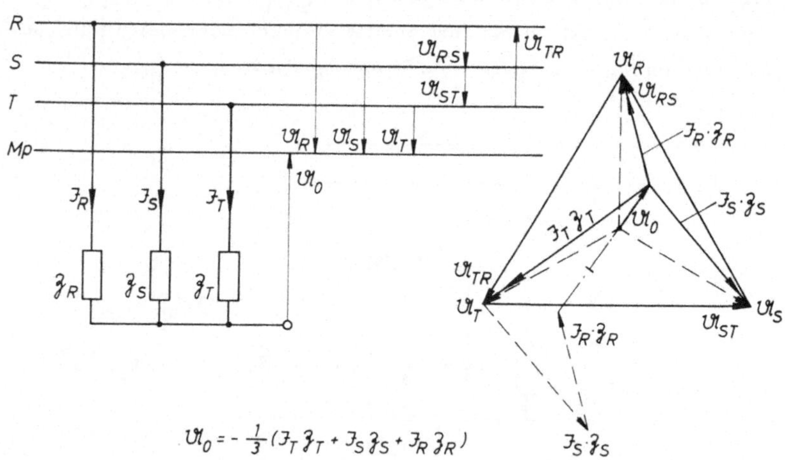

$$\mathfrak{U}_0 = -\frac{1}{3}\left(\mathfrak{J}_T\,\mathfrak{z}_T + \mathfrak{J}_S\,\mathfrak{z}_S + \mathfrak{J}_R\,\mathfrak{z}_R\right)$$

Bild 87 Unsymmetrische Sternbelastung mit offenem Sternpunkt

Das in Bild 87 dargestellte Netzwerk der Sternschaltung besteht aus drei
Maschen, für die sich zwei voneinander unabhängige Spannungsgleichun-

gen aufstellen lassen:

$$\mathfrak{U}_{RS} + \mathfrak{I}_S \mathfrak{z}_S - \mathfrak{I}_R \mathfrak{z}_R = 0 \ ,$$

$$\mathfrak{U}_{ST} + \mathfrak{I}_T \mathfrak{z}_T - \mathfrak{I}_S \mathfrak{z}_S = 0 \ .$$

Mit der für den Sternpunkt gültigen Knotenpunktgleichung

$$\mathfrak{I}_R + \mathfrak{I}_S + \mathfrak{I}_T = 0$$

hat man drei Gleichungen, aus denen sich die drei unbekannten Strangströme $\mathfrak{I}_R$, $\mathfrak{I}_S$ und $\mathfrak{I}_T$ bestimmen lassen:

$$\mathfrak{I}_R = \frac{\mathfrak{U}_{RS}\mathfrak{z}_T - \mathfrak{U}_{TR}\mathfrak{z}_S}{\mathfrak{z}_R\mathfrak{z}_S + \mathfrak{z}_R\mathfrak{z}_T + \mathfrak{z}_S\mathfrak{z}_T} \ ,$$

$$\mathfrak{I}_S = \frac{\mathfrak{U}_{ST}\mathfrak{z}_R - \mathfrak{U}_{RS}\mathfrak{z}_T}{\mathfrak{z}_R\mathfrak{z}_S + \mathfrak{z}_R\mathfrak{z}_T + \mathfrak{z}_S\mathfrak{z}_T} \ ,$$

$$\mathfrak{I}_T = \frac{\mathfrak{U}_{TR}\mathfrak{z}_S - \mathfrak{U}_{ST}\mathfrak{z}_R}{\mathfrak{z}_R\mathfrak{z}_S + \mathfrak{z}_R\mathfrak{z}_T + \mathfrak{z}_S\mathfrak{z}_T} \ .$$

Erweitert man in den obigen Gleichungen den Nenner mit dem Produkt
der drei Strangwiderstände $\mathfrak{z}_R\ \mathfrak{z}_S\ \mathfrak{z}_T$ und führt man einen fiktiven Ersatzwiderstand $\mathfrak{z}_E$ ein, der gleich ist dem resultierenden Widerstand
der drei parallelgeschalteten Strangwiderstände

$$\frac{1}{\mathfrak{z}_E} = \frac{1}{\mathfrak{z}_R} + \frac{1}{\mathfrak{z}_S} + \frac{1}{\mathfrak{z}_T} \ ,$$

so ergeben sich die drei Strang- bzw. Leiterströme zu

$$\mathfrak{I}_R = \frac{\mathfrak{z}_E}{\mathfrak{z}_R}\left(\frac{\mathfrak{U}_{RS}}{\mathfrak{z}_S} - \frac{\mathfrak{U}_{TR}}{\mathfrak{z}_T}\right) \, ,$$

$$\mathfrak{I}_S = \frac{\mathfrak{z}_E}{\mathfrak{z}_S}\left(\frac{\mathfrak{U}_{ST}}{\mathfrak{z}_T} - \frac{\mathfrak{U}_{RS}}{\mathfrak{z}_R}\right) \, , \qquad\qquad (36)$$

$$\mathfrak{I}_T = \frac{\mathfrak{z}_E}{\mathfrak{z}_T}\left(\frac{\mathfrak{U}_{TR}}{\mathfrak{z}_R} - \frac{\mathfrak{U}_{ST}}{\mathfrak{z}_S}\right) \, .$$

Durch Multiplikation dieser Ströme mit ihren Strangwiderständen erhält
man die drei Strangspannungen

$$\mathfrak{U}_{RV} = \mathfrak{I}_R\mathfrak{z}_R = \mathfrak{z}_E\left(\frac{\mathfrak{U}_{RS}}{\mathfrak{z}_S} - \frac{\mathfrak{U}_{TR}}{\mathfrak{z}_T}\right) \, ,$$

$$\mathfrak{U}_{SV} = \mathfrak{I}_S\mathfrak{z}_S = \mathfrak{z}_E\left(\frac{\mathfrak{U}_{ST}}{\mathfrak{z}_T} - \frac{\mathfrak{U}_{RS}}{\mathfrak{z}_R}\right) \, , \qquad\qquad (37)$$

$$\mathfrak{U}_{TV} = \mathfrak{I}_T\mathfrak{z}_T = \mathfrak{z}_E\left(\frac{\mathfrak{U}_{TR}}{\mathfrak{z}_R} - \frac{\mathfrak{U}_{ST}}{\mathfrak{z}_S}\right) \, .$$

Wie man erkennt, ist bei einem unsymmetrischen Strangspannungssystem
das Potential des Belastungssternpunktes gegenüber dem Potential des
Mittelpunktleiters verschoben, d. h. , zwischen beiden tritt eine Spannung
$\mathfrak{U}_0$ auf. Mit dem in Bild 87 eingetragenen Zählpfeil $\mathfrak{U}_0$ lassen sich über
die drei Stränge die Maschengleichungen

$$\mathfrak{U}_0 + \mathfrak{I}_R\mathfrak{z}_R - \mathfrak{U}_R = 0 \, ,$$

$$\mathfrak{U}_0 + \mathfrak{I}_S\mathfrak{z}_S - \mathfrak{U}_S = 0 \, ,$$

$$\mathfrak{U}_0 + \mathfrak{I}_T\mathfrak{z}_T - \mathfrak{U}_T = 0$$

aufstellen. Addiert man diese und berücksichtigt man, daß die Summe der drei symmetrischen Netzmittelpunktspannungen Null ist ($\mathfrak{U}_R + \mathfrak{U}_S + \mathfrak{U}_T = 0$), so läßt sich $\mathfrak{U}_0$ aus den drei Strangspannungen berechnen.

$$\mathfrak{U}_0 = -\frac{1}{3}(\mathfrak{J}_R \mathfrak{z}_R + \mathfrak{J}_S \mathfrak{z}_S + \mathfrak{J}_T \mathfrak{z}_T) \tag{38}$$

Bei einer unsymmetrischen Sternbelastung mit offenem Sternpunkt an einem symmetrischen Drehstromnetz ergeben sich unsymmetrische Strangspannungen an den Sternwiderständen. Zwischen Sternpunkt und Mittelpunktleiter des Netzes tritt eine Spannung auf. Strang- und damit Leiterströme sind unsymmetrisch.

5.3.1.4. Praktische Auswirkungen der Unsymmetrien

Unsymmetrische Belastungen erschweren nicht nur die theoretischen Betrachtungen, sondern haben auch praktisch eine Reihe unangenehmer Folgen.

Die Drehstromgeneratoren in den Kraftwerken sind so konstruiert, daß sie ein symmetrisches Spannungssystem erzeugen. Zwischen diesen Generatoren und den Verbrauchern treten unvermeidbare Widerstände in den Leitungen, Transformatoren usw. auf. Ist nun die Belastung des Netzes unsymmetrisch, so fließt ein unsymmetrisches Stromsystem, welches unsymmetrische Spannungsabfälle an den Netzwiderständen hervorruft. Da sich die am Verbraucher auftretende Netzspannung aus der Summe der im Generator induzierten Spannung und der an den Netzwiderständen auftretenden Spannungsabfälle ergibt, erkennt man, daß bei unsymmetrischen Belastungen in der Praxis auch immer eine unsymmetrische Netzspannung an den Verbrauchern auftritt.

In der Praxis bemüht man sich, durch gleichmäßige Verteilung der ein-

phasigen Verbraucher auf die drei Phasen und bei einphasigen Großver-
brauchern durch symmetrierende Kunstschaltungen die Unsymmetrie des
Leiterstromsystems so klein zu halten, daß die von den Spannungsabfäl-
len verursachte Unsymmetrie des Verbraucherspannungssystems praktisch unbedeutend ist.

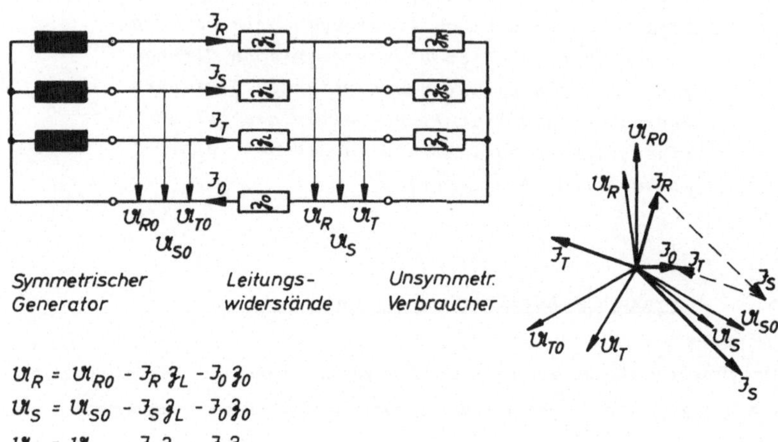

$$\mathfrak{U}_R = \mathfrak{U}_{RO} - \mathfrak{J}_R\,\mathfrak{Z}_L - \mathfrak{J}_0\,\mathfrak{Z}_0$$

$$\mathfrak{U}_S = \mathfrak{U}_{SO} - \mathfrak{J}_S\,\mathfrak{Z}_L - \mathfrak{J}_0\,\mathfrak{Z}_0$$

$$\mathfrak{U}_T = \mathfrak{U}_{TO} - \mathfrak{J}_T\,\mathfrak{Z}_L - \mathfrak{J}_0\,\mathfrak{Z}_0$$

Bild 88 Generator- und Verbraucherspannungen im unsymmetrisch belasteten Dreiphasennetz

Unsymmetrische Strom- bzw. Spannungssysteme verursachen in den
Drehfeldmaschinen, d.h. in den Drehstromgeneratoren und Motoren,
parasitäre Erscheinungen wie Pendelmomente, zusätzliche Verluste
usw., die von der Größe der Unsymmetrie abhängig sind, so daß man
auch aus diesem Grunde eine möglichst gute Symmetrie der Drehstrom-
netze anstrebt.

5.4. <u>Symmetrische Komponenten</u>

Wie aus dem vorstehenden Abschnitt zu ersehen ist, erfordert die Behandlung unsymmetrischer Mehrphasensysteme einen nicht unerheblichen
mathematischen Aufwand. Besonders nachteilig ist es, daß man bei Anwendung der üblichen mathematischen Methoden nur schwer einen Überblick über die verschiedenen physikalischen Auswirkungen der Unsymmetrien gewinnt. Es sind daher spezielle Verfahren entwickelt worden,
mit deren Hilfe man auch unsymmetrische Probleme relativ einfach und
anschaulich behandeln kann, ähnlich wie die Behandlung nicht sinusförmiger Größen durch die Zerlegung in sinusförmige Komponenten
vereinfacht werden kann. Bei diesem Verfahren wird das gegebene unsymmetrische System in eine Summe symmetrischer Komponenten zerlegt, deren Auswirkungen getrennt voneinander betrachtet werden. Nach
dem Überlagerungssatz erhält man dann die gesuchten unsymmetrischen
Ergebnisgrößen als Summe der symmetrischen Ergebniskomponenten.

Wie für alle Zerlegungs- und Überlagerungsver-
fahren gilt auch für die Rechnung mit symmetri-
schen Komponenten, daß sie nur auf lineare Strom-
kreise anwendbar ist.

Grundsätzlich läßt sich jedes unsymmetrische System in symmetrische
Komponenten zerlegen. Bei einem m-phasigen unsymmetrischen System
erhält man eine Summe von m symmetrischen Systemen - m symmetrische Komponenten -, die das unsymmetrische System gleichwertig beschreiben. Von diesen m symmetrischen Komponenten lassen sich aber
lediglich drei Systeme hinsichtlich ihrer Wirkungen in Maschinen und
Apparaten physikalisch anschaulich interpretieren. Die übrigen (m-3)
symmetrischen Systeme ergeben sich zwar ebenfalls nach relativ einfachen mathematischen Gesetzmäßigkeiten, entbehren aber der physikalischen Anschaulichkeit. Da beim Dreiphasensystem allein die drei phy-

sikalisch deutbaren symmetrischen Komponenten auftreten und da das Dreiphasensystem auch das für die Praxis wichtigste Mehrphasensystem darstellt, soll in dem folgenden Abschnitt die Betrachtung der symmetrischen Komponenten nur für Dreiphasensysteme durchgeführt werden.

5.4.1. Die Phasenfolge im Dreiphasensystem

Bei den bisherigen Betrachtungen war es nicht notwendig, auf die Phasenfolge und den Drehsinn der die Sinusgrößen in den einzelnen Phasen symbolisierenden Zeiger einzugehen. Drehsinn und Phasenfolge beschreiben die zeitliche Aufeinanderfolge der Augenblickswerte in den drei Phasen, wie folgende Betrachtungen zeigen. In Dreiphasensystemen gibt es zwei Möglichkeiten, wie sich die Augenblickswerte in den einzelnen Phasen zeitlich aufeinanderfolgend gleichartig wiederholen.

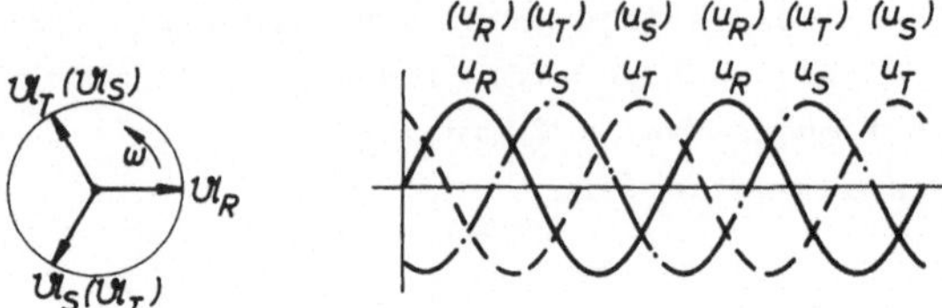

Bild 89 Die zwei möglichen Phasenfolgen im Dreiphasensystem

1.) Die Phasenspannungen u_R, u_S und u_T erreichen zeitlich nacheinander ihr Maximum. Dieser Zustand wird symbolisch durch drei entgegen dem Uhrzeigersinn mit der Winkelgeschwindigkeit ω rotierend angenommene Spannungszeiger dargestellt, von denen $\mathfrak{U}_S$ um 120° gegenüber $\mathfrak{U}_R$ und $\mathfrak{U}_T$ um 120° gegenüber $\mathfrak{U}_S$ nacheilt.

2.) Bei der zweiten Möglichkeit erreichen die Phasenspannungen in

der zeitlichen Folge u_R, u_T, u_S nacheinander ihr Maximum.
Wird dieser Zustand symbolisch durch drei ebenfalls entgegen
dem Uhrzeigersinn rotierend angenommene Zeiger dargestellt,
so eilt $\mathfrak{U}_T$ um 120° gegenüber $\mathfrak{U}_R$ nach und $\mathfrak{U}_S$ um 120° gegenüber $\mathfrak{U}_T$, d.h., die Zeiger $\mathfrak{U}_S$ und $\mathfrak{U}_T$ sind gegenüber
Fall 1 vertauscht.

Nach DIN ist die Phasenfolge der Spannungen im Drehstromnetz so festgelegt, daß die Augenblickswerte in den Phasen R, S und T zeitlich nacheinander ihr Maximum erreichen. Dieser Normzustand wird durch drei
in mathematisch posi-
tiver Richtung rotierend
angenommene Span-
nungszeiger beschrie-
ben, von denen $\mathfrak{U}_S$ um
120° gegenüber $\mathfrak{U}_R$
und $\mathfrak{U}_T$ um 120° gegenüber $\mathfrak{U}_S$ nacheilt.
Zeigersysteme mit der
Drehrichtung und der

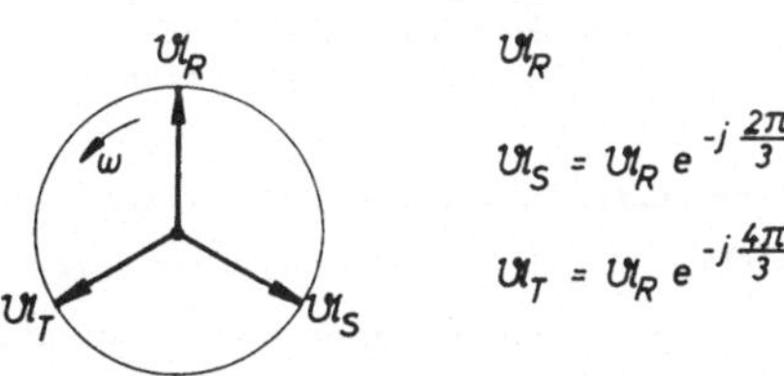

$$\mathfrak{U}_S = \mathfrak{U}_R \, e^{-j\frac{2\pi}{3}}$$

$$\mathfrak{U}_T = \mathfrak{U}_R \, e^{-j\frac{4\pi}{3}}$$

Bild 90 Spannungszeiger des "Mitsystems",
die die genormte Spannungsfolge in
Drehstromnetzen beschreiben

Phasenfolge dieses Normzustandes werden als **Mitsysteme** bezeichnet.

Vertauscht man zwei Zeiger in ihrer Reihenfolge, z.B. $\mathfrak{U}_S$ mit $\mathfrak{U}_T$, wie
dieses in Bild 91 a dargestellt ist, dann erreichen die Augenblickswerte
der Phasenspannungen in der Phasenfolge R, T und S zeitlich nacheinander ihr Maximum, wie aus Bild 89 zu ersehen ist. Betrachtet man die
Augenblickswerte der Spannungen, die ja durch die Projektion der rotierend angenommenen Zeiger auf eine feststehende Bezugsachse dargestellt werden und vergleicht man diese Augenblickswerte in den Bildern
91 a) und b) miteinander, so erkennt man, daß sich für die Augenblickswerte der Dreiphasenspannungen die gleiche zeitliche Reihenfolge ergibt:

a) bei einem mit + ω rotierend angenommenen Zeigersystem der
   Phasenfolge $\mathfrak{U}_R$, $\mathfrak{U}_T$, $\mathfrak{U}_S$ (Bild 91 a) oder

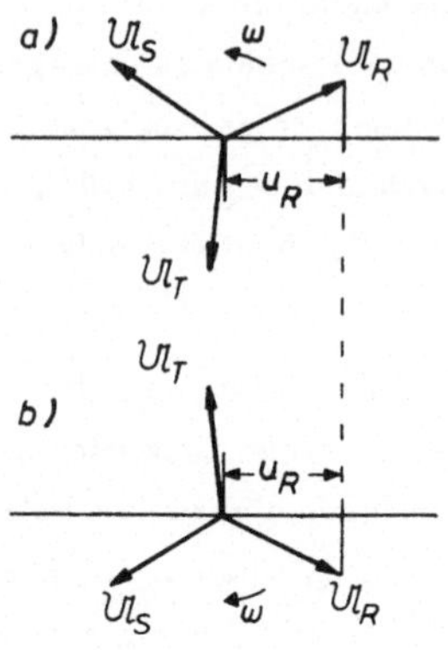

b) bei einem mit - ω rotierend angenommenen Zeigersystem der Phasenfolge $\mathfrak{U}_R$, $\mathfrak{U}_S$, $\mathfrak{U}_T$ (Bild 91 b).

Bild 91 Darstellung der Spannungszeiger des Gegensystems durch Spannungszeiger, die a) in gleicher oder b) entgegengesetzter Richtung wie das Mitsystem (Bild 90) rotierend angenommen werden

Ebenfalls in Anlehnung an den Normzustand wird ein Zeigersystem mit der Phasenfolge des Mitsystems ($\mathfrak{U}_R$, $\mathfrak{U}_S$, $\mathfrak{U}_T$), welches aber entgegengesetzt dem Mitsystem, also mit -ω rotierend angenommen wird, als Gegensystem bezeichnet.

Es sei erwähnt, daß man diese Bezeichnungen auch über die Drehrichtung der von diesen Systemen in Drehfeldmaschinen erregten Drehfelder ableiten kann (siehe Abschnitt 5.6).

Das Gegensystem unterscheidet sich von dem Mitsystem dadurch, daß es bei gleicher Phasenfolge als entgegengesetzt rotierend angenommen wird oder daß bei gleich angenommener Drehrichtung zwei Zeiger in ihrer Phasenfolge vertauscht sind.

5.4.2. Die symmetrischen Komponenten des unsymmetrischen Dreiphasensystems

Es wird ein unsymmetrisches Dreiphasensystem betrachtet mit den Zeigern $\mathfrak{R}$, $\mathfrak{S}$ und $\mathfrak{T}$. Diese Zeiger können z.B. Ströme oder Spannungen

symbolisieren. Nimmt man an, daß dieses unsymmetrische System als
Überlagerung mehrerer symmetrischer Systeme (Komponenten) darstell-
bar ist, so sind bei den hier betrachteten dreiphasigen Systemen folgende
drei symmetrische Komponenten in Betracht zu ziehen:

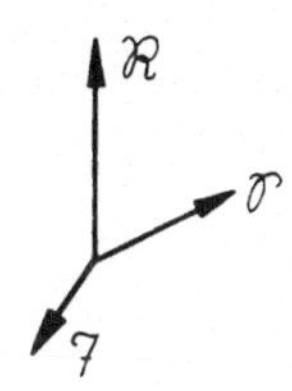

Bild 92 Zeiger eines
unsymmetri-
schen Dreipha-
sensystems

1.) ein symmetrisches Dreiphasensystem
("Mitsystem")

2.) ein symmetrisches - zu 1.) gegenläufi-
ges - Dreiphasensystem ("Gegensystem")

3.) ein System dreier gleichphasiger und
dem Betrage nach gleicher Größen
("Nullsystem").

Demzufolge wird angenommen, daß jeder der
drei Zeiger des gegebenen unsymmetrischen
Systems aus drei Komponenten entsprechend den Gleichungen

$$
\begin{aligned}
\mathcal{R} &= \mathcal{R}_M + \mathcal{R}_G + \mathcal{R}_0 \,, \\[2ex]
\mathcal{T} &= \mathcal{T}_M + \mathcal{T}_G + \mathcal{T}_0 \,, \\[2ex]
\mathcal{7} &= \mathcal{7}_M + \mathcal{7}_G + \mathcal{7}_0
\end{aligned}
\qquad (39)
$$

besteht. Mit diesem Ansatz hat man insgesamt neun Unbekannte eingeführt, zu deren Bestimmung zunächst nur drei Gleichungen zur Verfü-
gung stehen. Es können also sechs weitere Gleichungen beliebig aufgestellt werden, ohne daß das Problem mathematisch überbestimmt wird.
Diese sechs Gleichungen reichen aber gerade aus, um mit ihnen jeweils
die drei Komponenten in Gleichung 39, die den gleichen Index haben, als
ein symmetrisches Dreiphasensystem zu definieren.

$$\mathcal{S}_M = \mathcal{R}_M e^{-j\frac{2\pi}{3}} \quad ; \quad \mathcal{S}_G = \mathcal{R}_G e^{-j\frac{4\pi}{3}} \quad ; \quad \mathcal{S}_0 = \mathcal{R}_0 \qquad (40\,a)$$

$$\mathcal{T}_M = \mathcal{R}_M e^{-j\frac{4\pi}{3}} \quad ; \quad \mathcal{T}_G = \mathcal{R}_G e^{-j\frac{2\pi}{3}} \quad ; \quad \mathcal{T}_0 = \mathcal{R}_0$$

Für die Drehoperatoren werden in den folgenden Betrachtungen die Abkürzungen

$$\underline{a} = e^{-j\frac{2\pi}{3}} \quad ; \quad \underline{a}^2 = e^{-j\frac{4\pi}{3}} \quad usw. \qquad (41)$$

eingeführt. Damit ergeben sich insgesamt neun voneinander unabhängige Gleichungen, aus denen die neun eingeführten unbekannten Komponenten eindeutig bestimmt werden können. Es ist also offensichtlich möglich, ein unsymmetrisches Dreiphasensystem durch die Summe der drei im vorstehenden Absatz aufgeführten symmetrischen Dreiphasensysteme gleichwertig zu beschreiben.

$$
\begin{array}{lll}
\mathcal{R}_M & \mathcal{R}_G & \mathcal{R}_0 \\[2mm]
\mathcal{S}_M = \mathcal{R}_M\,\underline{a} & \mathcal{S}_G = \mathcal{R}_G\,\underline{a}^2 & \mathcal{S}_0 = \mathcal{R}_0 \qquad (40) \\[2mm]
\mathcal{T}_M = \mathcal{R}_M\,\underline{a}^2 & \mathcal{T}_G = \mathcal{R}_G\,\underline{a} & \mathcal{T}_0 = \mathcal{R}_0
\end{array}
$$

| Symmetrisches Komponentensystem der Phasenfolge R, S, T, welches als <u>Mitsystem</u> bezeichnet wird. | Symmetrisches Komponentensystem der Phasenfolge R, T, S, welches als <u>Gegensystem</u> bezeichnet wird. | Komponentensystem aus drei phasengleichen Zeigern, welches als <u>Nullsystem</u> bezeichnet wird. |

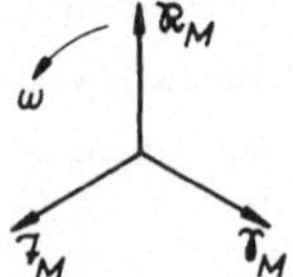

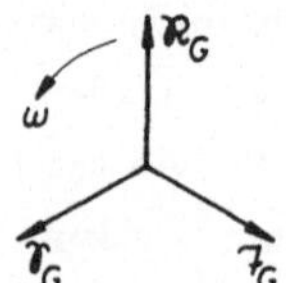

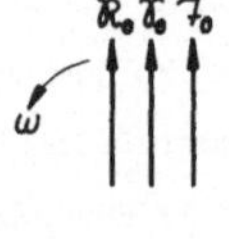

Durch Überlagerung dieser drei symmetrischen Komponentensysteme (siehe Bild 93) erhält man das ursprünglich gegebene unsymmetrische Dreiphasensystem.

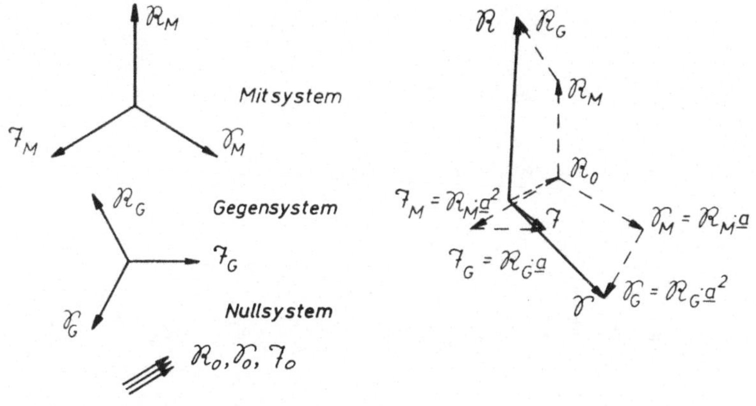

Bild 93 Graphische Darstellung der Überlagerung dreier symmetrischer Komponentensysteme zu einem unsymmetrischen Dreiphasensystem

Da in symmetrischen Zeigersystemen häufig nur der Zeiger einer Phase betrachtet wird - meistens die drei Zeiger $\mathcal{R}_M$, $\mathcal{R}_G$ und $\mathcal{R}_0$ -, empfiehlt es sich, die Zeiger $\mathcal{S}$ und $\mathcal{T}$ in Gleichung (39) durch die Gleichungen (40) zu ersetzen, so daß sich ein Gleichungssystem ergibt,

$$\mathcal{R} = \mathcal{R}_M + \mathcal{R}_G + \mathcal{R}_0$$

$$\mathcal{S} = \underline{a}\,\mathcal{R}_M + \underline{a}^2\mathcal{R}_G + \mathcal{R}_0 \qquad (39\,a)$$

$$\mathcal{T} = \underline{a}^2\mathcal{R}_M + \underline{a}\,\mathcal{R}_G + \mathcal{R}_0$$

nach dem das unsymmetrische Zeigersystem direkt aus dem jeweiligen Zeiger $\mathcal{R}$ der drei symmetrischen Systeme ermittelt werden kann.

Zur Bestimmung der symmetrischen Komponenten aus den Zeigern des unsymmetrischen Systems werden:

a.) die Gleichungen (39 a) addiert

$$\mathcal{R} = \mathcal{R}_M + \mathcal{R}_G + \mathcal{R}_0$$

$$+\ \mathcal{S} = \underline{a}\ \mathcal{R}_M + \underline{a}^2\mathcal{R}_G + \mathcal{R}_0$$

$$+\ \mathcal{T} = \underline{a}^2\mathcal{R}_M + \underline{a}\ \mathcal{R}_G + \mathcal{R}_0$$

$$\mathcal{R} + \mathcal{S} + \mathcal{T} = \underbrace{(1 + \underline{a} + \underline{a}^2)}_{0}\mathcal{R}_M + \underbrace{(1 + \underline{a}^2 + \underline{a})}_{0}\mathcal{R}_G + 3\,\mathcal{R}_0 \quad ,$$

b.) die Gleichungen (39 a) addiert, nachdem aber die Gleichung für $\mathcal{S}$ mit $\underline{a}$ und die für $\mathcal{T}$ mit $\underline{a}^2$ multipliziert wurden

$$\mathcal{R} = \mathcal{R}_M + \mathcal{R}_G + \mathcal{R}_0$$

$$+\ \underline{a}\ \mathcal{S} = \underline{a}^2\mathcal{R}_M + \underline{a}^3\mathcal{R}_G + \underline{a}\ \mathcal{R}_0$$

$$+\ \underline{a}^2\mathcal{T} = \underline{a}^4\mathcal{R}_M + \underline{a}^3\mathcal{R}_G + \underline{a}^2\mathcal{R}_0$$

$$\mathcal{R} + \underline{a}\,\mathcal{S} + \underline{a}^2\mathcal{T} = \underbrace{(1 + \underline{a}^2 + \underline{a}^4)}_{0}\mathcal{R}_M + \underbrace{(1 + \underline{a}^3 + \underline{a}^3)}_{3}\mathcal{R}_G + \underbrace{(1 + \underline{a} + \underline{a}^2)}_{0}\mathcal{R}_0 \quad ,$$

c.) die Gleichungen (39 a) addiert, nachdem die Gleichung für $\mathcal{S}$ mit $\underline{a}^2$

und die für $\mathfrak{I}$ mit $\underline{a}$ multipliziert wurden

$$\mathfrak{R} = \mathfrak{R}_M + \mathfrak{R}_G + \mathfrak{R}_0$$

$$+ \underline{a}^2 \mathfrak{F} = \underline{a}^3 \mathfrak{R}_M + \underline{a}^4 \mathfrak{R}_G + \underline{a}^2 \mathfrak{R}_0$$

$$+ \underline{a}\, \mathfrak{I} = \underline{a}^3 \mathfrak{R}_M + \underline{a}^2 \mathfrak{R}_G + \underline{a}\, \mathfrak{R}_0$$

$$\mathfrak{R} + \underline{a}^2 \mathfrak{F} + \underline{a}\, \mathfrak{I} = \underbrace{(1 + \underline{a}^3 + \underline{a}^3)}_{3} \mathfrak{R}_M + \underbrace{(1 + \underline{a}^4 + \underline{a}^2)}_{0} \mathfrak{R}_G + \underbrace{(1 + \underline{a}^2 + \underline{a})}_{0} \mathfrak{R}_0 \; .$$

Die Richtigkeit der angegebenen Werte der a-Summen läßt sich leicht erkennen, wenn man sich die Periodizität der $\underline{a}$-Summanden mit ganzzähligen Exponenten überlegt ($\underline{a}^0 = \underline{a}^3 = \underline{a}^6 = \ldots = 1$; $\underline{a}^1 = \underline{a}^4 = \ldots = \underline{a}$; $\underline{a}^2 = \underline{a}^5 = \ldots$).

Man erhält damit für $\mathfrak{R}_M$, $\mathfrak{R}_G$ und $\mathfrak{R}_0$ die Bestimmungsgleichungen

$$\mathfrak{R}_M = \tfrac{1}{3}(\mathfrak{R} + \underline{a}^2 \mathfrak{F} + \underline{a}\, \mathfrak{I})$$

$$\mathfrak{R}_G = \tfrac{1}{3}(\mathfrak{R} + \underline{a}\, \mathfrak{F} + \underline{a}^2 \mathfrak{I}) \tag{42}$$

$$\mathfrak{R}_0 = \tfrac{1}{3}(\mathfrak{R} + \mathfrak{F} + \mathfrak{I}) \; .$$

Jedes unsymmetrische dreiphasige Zeigersystem $\mathfrak{R}$, $\mathfrak{F}$ und $\mathfrak{I}$ kann entsprechend Gleichung 42 in drei fiktive symmetrische Komponentensysteme, das Mitsystem, das Gegensystem und das Nullsystem, zerlegt werden. Umgekehrt erhält man durch Überlage-

*rung der drei symmetrischen Komponenten ent-
sprechend Gleichung 39 wieder das ursprünlich
gegebene unsymmetrische Zeigersystem.*

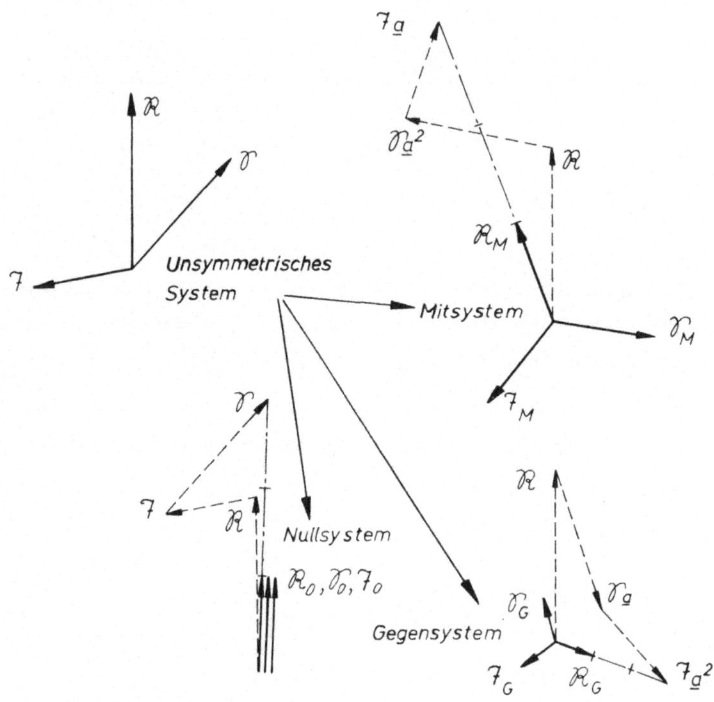

Bild 94 Graphische Bestimmung der drei symmetrischen Komponenten
aus dem unsymmetrischen Dreiphasensystem

Mit Hilfe der symmetrischen Komponenten lassen sich unsymmetrische
Spannungs- oder Stromverteilungen in Dreiphasennetzen übersichtlich
und mit vergleichsweise geringem Rechenaufwand bestimmen.

Bei praktischen Problemstellungen sind meistens die eingeprägten Spannungen sowie die Widerstände des Netzes gegeben, und die Stromverteilungen werden gesucht. Ist in einem Drehstromnetz das eingeprägte Spannungssystem unsymmetrisch, so wird es als Überlagerung seiner symmetrischen Komponenten aufgefaßt. Das bedeutet, daß statt eines unsymmetrischen Spannungssystems drei hintereinandergeschaltete Spannungsquellen in dem Netz wirsam werden, die jeweils nur das Mit-, Gegen- und Nullspannungssystem erzeugen. Für die gegebene unsymmetrische Spannungsquelle wird damit gedanklich eine Ersatzspannungsquelle eingeführt, die aus der Reihenschaltung je einer symmetrischen Quelle für das Mit-, das Gegen- und das Nullspannungssystem besteht. Praktisch könnte eine solche Quelle wie folgt realisiert werden.

Mit- und Gegensystem werden von zwei entgegengesetzt rotierenden Dreiphasengeneratoren erzeugt, bei denen die räumlich gleich angeordneten Stränge jeweils an der gleichen Phase liegen, das Nullsystem von einem Einphasengenerator. Diese drei Generatoren sind gemäß Bild 95 in Reihe geschaltet.

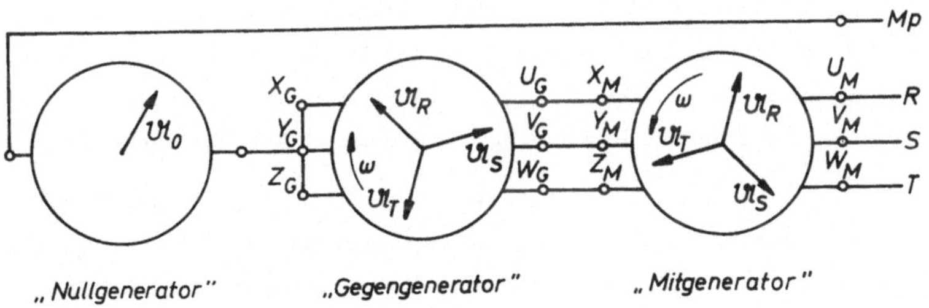

Bild 95 Erzeugung eines unsymmetrischen dreiphasigen Spannungssystems mit drei hintereinandergeschalteten Spannungsquellen, deren Spannungssysteme den symmetrischen Komponenten entsprechen

Entsprechend dem auch für Wechselstrom in linearen Netzwerken gültigen Superpositionsprinzip (siehe Bd. 1, 3.4.2) werden dann nacheinander
jeweils zwei Spannungssysteme zu Null angenommen und für das verblei-
bende Spannungssystem die Stromverteilung in dem Netzwerk berechnet.
So erhält man ein Mit-, Gegen- und Nullstromsystem, deren Summe
gleich ist dem in dem Netzwerk tatsächlich auftretenden resultierenden
unsymmetrischen Stromsystem.

Zu beachten ist, daß die Widerstandsoperatoren des Netzwerkes für die
drei Spannungssysteme unterschiedlich sein können. Beispielsweise sind
die Widerstandsoperatoren für das Mit- und Gegensystem nur dann gleich,
wenn die drei Stränge nicht magnetisch miteinander gekoppelt sind. In
dreiphasigen Induktionsmaschinen sind die zwei Widerstandsoperatoren
daher ungleich. Der Widerstandsoperator für das Nullsystem errechnet
sich z.B. in der Dreieckschaltung aus der Hintereinanderschaltung, bei
der Sternschaltung mit angeschlossenem Sternpunkt dagegen aus der Parallelschaltung der drei Strangwiderstände. Für die Sternschaltung mit
offenem Sternpunkt ist er gleich Unendlich.

Geht man von einem eingeprägten unsymmetrischen Stromsystem aus,
welches in symmetrische Komponenten zerlegt wird, so entspricht das
einer Ersatzstromquelle, bestehend aus der Parallelschaltung von zwei
entgegengesetzt rotierenden Dreiphasengeneratoren und drei Einphasen-
generatoren, die drei in Phasenlage und Betrag gleiche Ströme erzeugen
(Bild 96).

Der Vorteil der Zerlegung in symmetrische Komponenten liegt darin, daß
man den einzelnen symmetrischen Systemen eindeutig definierte und relativ leicht aus den konstruktiven Daten der Anlagen zu übersehende und zu
berechnende Widerstandsoperatoren zuordnen kann. Z.B. könnte ein im
Netz entsprechend Bild 87 vorhandenes Nullspannungssystem nur dann
einen Nullstrom bewirken, wenn die Sternpunkte verbunden wären. Da
Ströme, die in allen drei Strängen mit gleicher Phasenlage auftreten, den
Knotenpunktsatz im offenen Sternpunkt dagegen nicht erfüllen, kann es sich

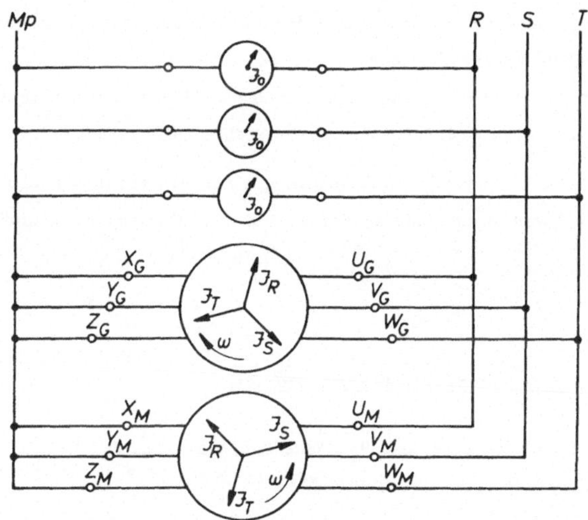

Bild 96 Erzeugung eines unsymmetrischen dreiphasigen Stromsystems
mit drei parallel geschalteten Stromquellen, deren Stromsysteme den symmetrischen Komponenten entsprechen

darin nicht ausbilden. Der für das Nullsystem wirksame Widerstand des
Netzes ist also trotz endlicher Widerstände für das Mit- und Gegensystem unendlich groß.

Ein weiterer Vorteil ist darin zu sehen, daß auch die Wirkungen der unsymmetrischen Systeme in Maschinen und Anlagen nach Zerlegung in
symmetrische Komponenten anschaulich hervortreten und relativ einfach berechnet werden können. So läßt sich für Wechselstrommaschinen
folgende allgemeingültige Feststellung treffen.

Das Mitsystem allein beschreibt ein symmetrisches System. Es stellt
somit eine zeitlich konstante Belastung der Dreiphasengeneratoren dar
(siehe 5.5.3) und erregt in Drehstrommotoren ein konstantes Drehfeld
(siehe 5.6), welches wiederum ein zeitlich konstantes Drehmoment bewirkt.

Das Gegensystem erregt in einem Drehstrommotor ein Drehfeld, welches entgegengesetzt der Richtung des durch das Mitsystem erregten rotiert. Beide Drehfelder zusammen bewirken ein zeitlich schwankendes Drehmoment. Wird ein Generator durch ein Mit- und ein Gegensystem belastet, so treten ebenfalls Schwankungen im Belastungsmoment auf.

Das Nullsystem erregt in Drehfeldmaschinen ein reines Wechselfeld, das ebenfalls Schwankungen des Drehmomentes in Generatoren und Motoren bewirkt.

5.5. Die Leistung in Mehrphasensystemen

5.5.1. Leistungsberechnung für symmetrische und unsymmetrische Systeme beliebiger Phasenzahl

Die Leistungsberechnung in Mehrphasensystemen wird häufig als relativ kompliziert und wenig anschaulich empfunden. Das mag daran liegen, daß die Sternpunkt- und Leitergrößen des Netzes bei Stern- und Ringschaltung als Stranggrößen unterschiedlich wirksam werden, was leicht übersehen wird. Die Unsicherheit, ob eine vorliegende Gleichung nur für symmetrische oder auch für unsymmetrische Systeme gilt und ob in sie Leiter- oder Stranggrößen eingesetzt werden müssen, kann man bei geringfügig erhöhtem Rechenaufwand umgehen, indem man für jeden Strang die Leistung getrennt berechnet und dann summiert.

> *Die Leistung P_ν in jedem Strang ν eines beliebigen symmetrischen oder unsymmetrischen Mehrphasensystems errechnet sich aus dem Produkt des Stromes $I_{Str\nu}$ in diesem Strang und der Spannung $U_{Str\nu}$ an diesem Strang.*

$$P_{S\nu} = U_{Str\nu} I_{Str\nu} \quad ; \quad P_{W\nu} = U_{Str\nu} I_{Str\nu} \cos\varphi_{Str\nu} \quad ; \quad P_{B\nu} = U_{Str\nu} I_{Str\nu} \sin\varphi_{Str\nu}$$

Die gesamte Leistung dieses m-phasigen Systems er-
gibt sich als Summe der Leistungen in allen
Strängen.

$$P = \sum_{\nu=1}^{m} P_{\nu}$$

Selbst bei unsymmetrischer Sternlast mit offenem Sternpunkt liefert dieses Verfahren übersichtlich die richtige Leistung. Allerdings ist es aufwendig, die benötigten unsymmetrischen Strangspannungen entsprechend
Gleichung (37) zu berechnen.

Die einzelnen Strangleistungen eines Verbrauchers mit unbekannter
Schaltung können nun aber nicht ohne weiteres ermittelt werden, da ja
eine Stern-, eine Ringschaltung oder eine Kombination beider vorliegen
kann, möglicherweise auch eine unsymmetrische. Es können jedoch
immer die Leiterspannungen und Leiterströme des Verbraucher-
anschlusses relativ einfach ge-
messen werden. In solchen Fällen läßt sich die Summe der
Strangleistungen des Verbrauchers bestimmen, wenn man von
folgender Überlegung ausgeht.

Es sei ein Netz mit symmetrischen Leiterspannungen angenommen, welches aus einem in
Stern geschalteten symmetrischen Generator besteht, der
einen Verbraucher unbekannter
Schaltung versorgt. Bei Ver-
nachlässigung aller Leitungs-
und Generatorverluste muß die
vom Generator abgegebene

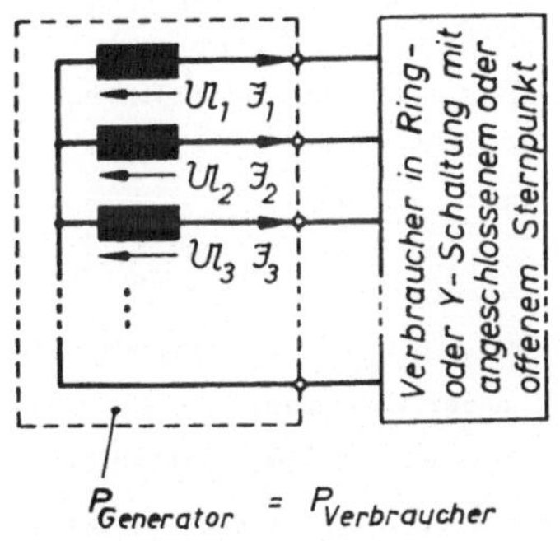

$$P_{Generator} = P_{Verbraucher}$$

Bild 97 Bestimmung der Leistung
eines m-phasigen Ver-
brauchers unbekannter
Schaltung

Leistung gleich sein der vom Verbraucher aufgenommenen, d.h., man
kann die Verbraucherleistung auch aus der Summe der Strangleistungen
des Generators berechnen. Diese Strangleistungen ergeben sich jeweils
aus dem Produkt der Strangströme, die gleich den Leiterströmen sind,
- bei unsymmetrischem Verbraucher also unsymmetrisch - und der
Strangspannungen, die bei Annahme eines symmetrischen Generators
gleich den symmetrischen Sternpunktspannungen sind und leicht aus den
symmetrischen Leiterspannungen berechnet oder über den künstlichen
Sternpunkt gemessen werden können.

$$P_{Verbr.} = P_{Gen.} = U_{Str.1}I_{L1}\cos\varphi_1 + U_{Str.2}I_{L2}\cos\varphi_2 + U_{Str.3}I_{L3}\cos\varphi_3$$

Selbstverständlich könnte man auch einen in Ring geschalteten Generator
annehmen, im allgemeinen ist aber die Sternschaltung übersichtlicher.

*Sind Größe und Schaltung der Strangwiderstände ei-
nes beliebigen, auch unsymmetrischen Verbrauchers
nicht bekannt, so kann seine Leistung aus den
Leiterströmen und den Leiterspannungen berechnet
werden, indem die Leistungsprodukte aus Leiterstrom
und der zu diesem Leiter gehörigen Sternpunktspannung über alle m Phasen summiert werden.*

Auf dieser Erkenntnis beruht auch ein Verfahren zur Leistungsmessung,
mit dem unabhängig von der Schaltung und der Unsymmetrie des Verbrauchers die richtige Leistung gemessen wird. Es setzt allerdings für
ein m-phasiges System m Leistungsmesser voraus, deren Strompfade
in den einzelnen Zuleitungen zum Verbraucher liegen, also die Leiterströme messen. Die Eingänge der Spannungspfade werden mit den entsprechenden Leitern verbunden, während die zusammengeschalteten
Ausgänge den gemeinsamen künstlichen Sternpunkt bilden, also die
Sternpunktspannungen messen. In Bild 98 ist z.B. eine solche Schaltung

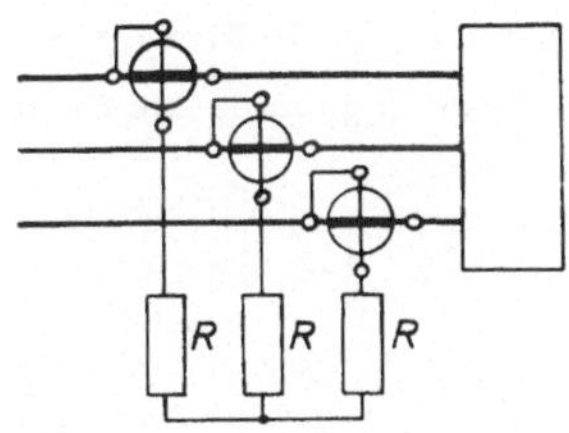

Bild 98 Leistungsmessung im
Dreiphasennetz mit
drei Wattmetern

für ein Dreiphasensystem dargestellt. Unter der Voraussetzung, daß die Spannungspfade aller Wattmeter den gleichen Widerstand haben, zeigt jedes dieser Instrumente das Leistungsprodukt aus Leiterstrom und der zu diesem Leiter gehörigen Sternpunktspannung an, d. h., die Summe der Anzeigen entspricht der Summenleistung.

Daß mit einem solchen Verfahren zur Leistungsmessung auch bei unsymmetrischen Leiterspannungen die Leistung eines beliebig geschalteten Verbrauchers richtig erfaßt wird, geht aus folgender Betrachtung hervor.

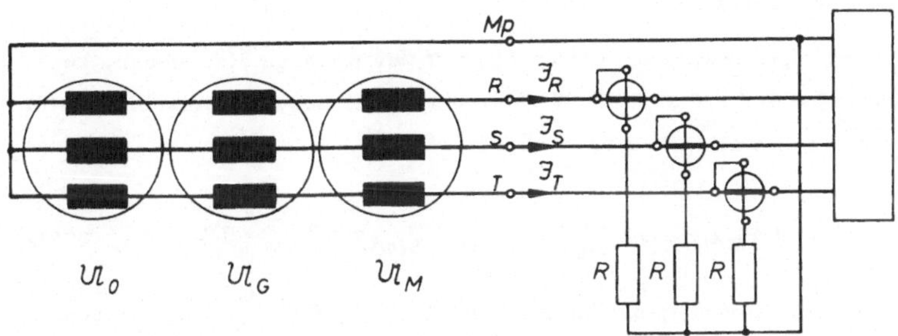

Bild 99 Ersatzschaltung für die Leistungsmessung im unsymmetrischen
Dreiphasennetz

Man denkt sich das unsymmetrische Leiterspannungssystem entsprechend dem Überlagerungsprinzip von drei hintereinandergeschalteten symmetrischen Spannungsgeneratoren erzeugt (Bild 99), die den symmetrischen

Komponenten entsprechen (5.4.2). Dann werden an den in Stern geschalteten symmetrischen Widerständen der Spannungspfade die Spannungsabfälle

$$\mathfrak{U}_R = \mathfrak{U}_{RM} + \mathfrak{U}_{RG} + \mathfrak{U}_{R0} \ ,$$

$$\mathfrak{U}_S = \mathfrak{U}_{SM} + \mathfrak{U}_{SG} + \mathfrak{U}_{S0} \ ,$$

$$\mathfrak{U}_T = \mathfrak{U}_{TM} + \mathfrak{U}_{TG} + \mathfrak{U}_{T0}$$

auftreten, die den Strangspannungen der symmetrischen Komponenten und damit den Strangspannungen des unsymmetrischen Generators entsprechen. Es werden also von den Leistungsmessern die Produkte aus Leiterstrom und Sternpunktspannung gebildet, die auch bei unsymmetrischen Spannungs- und Stromsystemen die Strangleistungen des speisenden unsymmetrischen Generators darstellen, d.h., ihre Summe ist gleich der Verbraucherleistung.

Ohne auf den Beweis für die Richtigkeit der Aussage einzugehen, sei noch erwähnt, daß sich die Wirkleistung eines unsymmetrischen Systems aus den symmetrischen Komponenten zu

$$P_W = 3U_{Str.M} I_{Str.M} \cos\varphi_{Str.M} + 3U_{Str.G} I_{Str.G} \cos\varphi_{Str.G} + 3U_{Str.0} I_{Str.0} \cos\varphi_{Str.0}$$

ergibt. Die Leistungsprodukte, in denen Strom und Spannung verschiedener Komponentensysteme auftreten ($U_M I_G$, $U_G I_M$, $U_M I_0$, $U_0 I_M$, $U_G I_0$, $U_0 I_G$), liefern also keinen Beitrag zur Wirkleistung.

5.5.2. Die Leistungsformeln für symmetrische Dreiphasensysteme

Für die in der Praxis sehr häufig gestellte Aufgabe der Leistungsbestimmung eines symmetrischen Dreiphasengerätes werden Gleichungen

angegeben, die geringen Rechenaufwand erfordern, allerdings zu Fehlern
führen, wenn Leiter- und Sternpunktgrößen verwechselt werden. Diese
Gleichungen sollen im folgenden nach der in 5.2.3.2 beschriebenen
Methode abgeleitet werden.

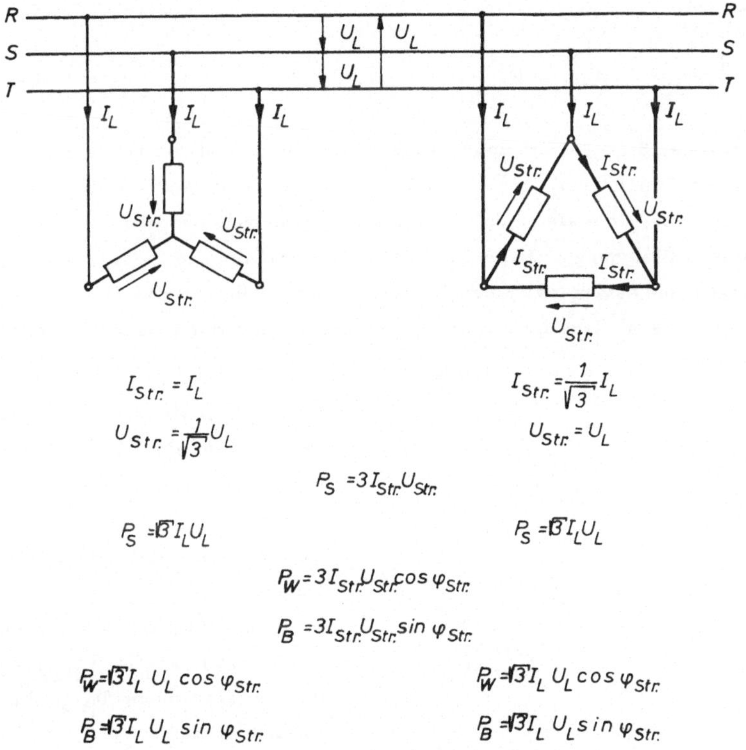

Bild 100 Leistungsberechnung im Dreiphasensystem aus den Leiter-
          größen

Man erkennt aus Bild 100, daß die Leistung unabhängig von der Schaltung nach den Gleichungen

$$P_S = \sqrt{3}\, U_L I_L \quad ; \quad P_W = \sqrt{3}\, U_L I_L \cos\varphi_{Str} \quad ; \quad P_B = \sqrt{3}\, U_L I_L \cos\varphi_{Str} \quad (43)$$

aus dem <u>Leiterstrom</u> I_L und der <u>Leiterspannung</u> U_L, aber dem Phasenwinkel

$$\varphi_{Str} = \varphi_{UStr} - \varphi_{IStr} \tag{44}$$

zwischen Strangstrom und Strangspannung berechnet werden kann. Der in den Gleichungen (43) für Wirk- und Blindleistung auftretende Winkel φ_{Str} entspricht also nicht der Phasenverschiebung zwischen den in derselben Gleichung auftretenden Größen Leiterstrom und Leiterspannung, abgesehen davon, daß einem Leiter und damit einem Leiterstrom immer zwei verschiedene Leiterspannungen gleichberechtigt zugeordnet werden können.

Wird z.B., wie in Bild 101 dargestellt, bei einer Sternschaltung der Phasenwinkel zwischen Strangstrom $\mathfrak{J}_{Str\,R}$ - gleich Leiterstrom - und Strangspannung $\mathfrak{U}_{Str\,R}$ zu φ_{Str} angenommen, dann beträgt zwischen dem Leiterstrom $\mathfrak{J}_{LR} = \mathfrak{J}_{Str\,R}$ und der Leiterspannung $\mathfrak{U}_{LRS}$ die Phasenverschiebung $\varphi_{Str} + (\pi/2 - \pi/3)$. Mit gleicher Berechtigung könnte auch die Phasenverschiebung gegenüber der Leiterspannung $\mathfrak{U}_{LTR}$ be

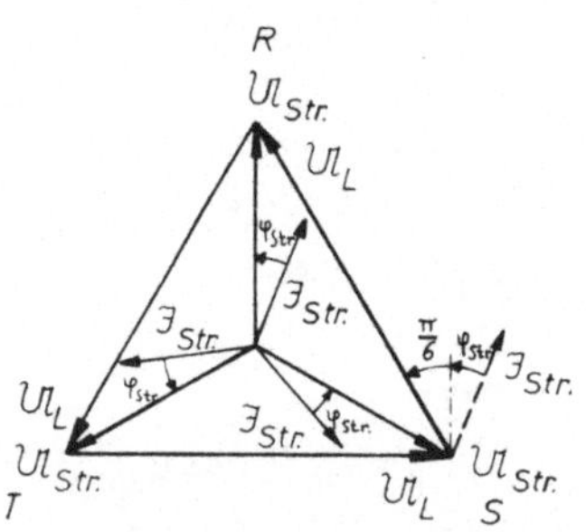

Bild 101 Phasenwinkel zwischen Strangstrom und Strangspannung bzw. Leiterspannung bei einer Sternschaltung

trachtet werden, die aber für das Leistungsprodukt entsprechend Gleichung (43) genauso unsinnig wäre wie die gegenüber $\mathfrak{U}_{LRS}$ angegebene.

Für eine symmetrische, dreiphasige Stern- oder Dreieckschaltung ergibt sich die Wirk- bzw. Blindleistung als Produkt aus Leiterstrom, Leiterspannung, dem Kosinus bzw. Sinus des Phasenwinkels zwischen Leiterstrom und der zugehörigen Sternpunktspannung sowie dem Faktor $\sqrt{3}$.

5.5.3. Der Augenblickswert der Leistung in Mehrphasensystemen

Wie aus 2.6 zu folgern ist, wird der gegenüber der Spannung mit doppelter Frequenz sinusförmig schwankende Augenblickswert der Leistung eines Stranges ν durch die Gleichung

$$p_\nu = \frac{\hat{U}_\nu \hat{I}_\nu}{2}\left\{\cos\varphi_\nu\left[1-\cos 2(\omega t + \varphi_{u\nu})\right] - \sin\varphi_\nu \sin 2(\omega t + \varphi_{u\nu})\right\} \tag{10}$$

beschrieben. Darin ist $\hat{I}_\nu$ die Amplitude des Strangstromes, $\hat{U}_\nu$ die der Strangspannung, $\varphi_\nu = \varphi_{u\nu} - \varphi_{i\nu}$ der Phasenwinkel zwischen Strangstrom und Strangspannung und $\varphi_{u\nu}$ der Phasenwinkel der Strangspannung bzw. $\varphi_{i\nu}$ der des Strangstromes in dem gewählten Koordinatensystem.

Betrachtet man ein <u>symmetrisches</u> m-phasiges System, dann sind die Beträge von Strom und Spannung sowie der Winkel φ_ν für alle Stränge gleich. Wählt man das Koordinatensystem so, daß für die Spannung in der Phase $\nu = m$ der Phasenwinkel Null ist ($\varphi_{u(\nu=m)} = 0$), dann beträgt der Phasenwinkel $\varphi_{u\nu}$ der Spannung u_ν

$$\varphi_{u\nu} = \nu\frac{2\pi}{m} \quad ,$$

und die Summe der Strangleistungen über alle m Stränge ergibt sich zu

$$p = \sum_{\nu=1}^{m} p_\nu = \frac{\hat{U}\hat{I}}{2}\left[m\cos\varphi - \cos\varphi \sum_{\nu=1}^{m}\cos(2\omega t + 2\nu\frac{2\pi}{m}) - \sin\varphi \sum_{\nu=1}^{m}\sin(2\omega t + 2\nu\frac{2\pi}{m})\right]$$

$$(45\,a)$$

Die Sinusschwingungen mit der Frequenz 2ω ergeben in der Zeigerdarstellung bei m größer als zwei symmetrische Sterne, wie dieses aus Bild 102 zu ersehen ist. Die Zeigersumme und damit auch die Summe der Augenblickswerte in Gleichung (45a) ist Null, d.h., die Augenblicks-leistung

$$p = \sum_{\nu=1}^{m} p_\nu = m\frac{\hat{U}\hat{I}}{2}\cos\varphi$$

ist zeitlich konstant.

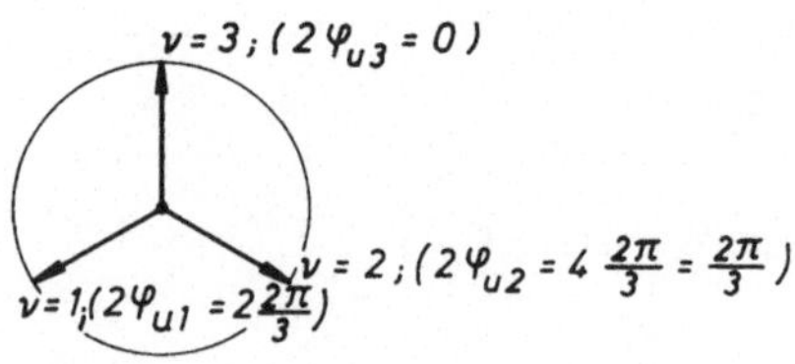

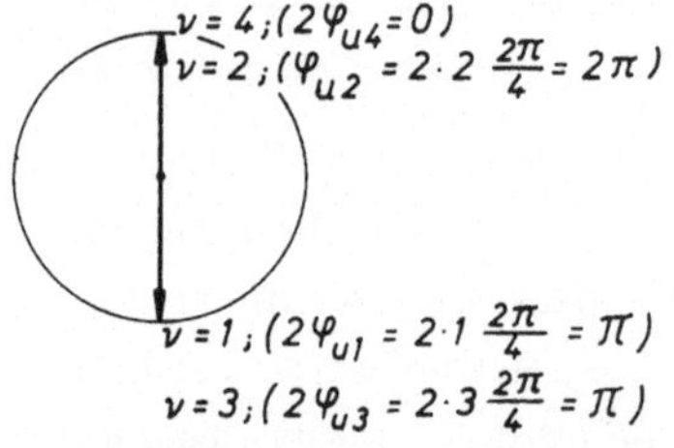

Bild 102 Zeigerdarstellung der
Summen in Gleichung (45a)
für m = 3 und m = 4

Für das <u>unsymmetrische Zweiphasensystem</u> entsprechend 5.3.2.1 ergibt sich mit $\varphi_{u1} = 0$ für den zweiten Strang der Phasenwinkel der Spannung zu $\varphi_{u2} = \pi/2$. Damit haben die Leistungszeiger in Gleichung (45a) die Phasenlage 0 und $2(\pi/2)$, liegen also in Gegenphase und ergeben in der Summe Null.

Für das <u>symmetrische Zweiphasensystem</u> entsprechend Bild 79 mit $\varphi_{u1} = 0$ und $\varphi_{u2} = \pi$ haben die Leistungszeiger beider Stränge den Phasenwinkel 0 und 2π, also gleiche Phasenlage, so daß ihre Summe nicht Null ergibt.

Bei dem symmetrischen Zweiphasensystem schwankt also der Augenblickswert der Leistung

$$p = \sum_{\nu=1}^{2} p_\nu = \frac{\hat{U}\hat{I}}{2}\left[2\cos\varphi - 2\cos\varphi\cos 2\omega t - 2\sin\varphi\sin 2\omega t\right] \qquad (45\,b)$$

genau wie beim Einphasensystem, woraus man erkennen kann, daß es
sich nicht um ein echtes Mehrphasensystem handelt, sondern um zwei in
Reihe geschaltete Einphasensysteme (siehe 5.3.2.1).

*In einem symmetrischen Mehrphasensystem mit $m > 2$
ist der Augenblickswert der Leistung zeitlich
konstant. Die Umkehrung dieses Satzes gilt nicht,
d.h. nicht jedes Mehrphasensystem, in dem der
Augenblickswert der Leistung konstant ist, ist ein
symmetrisches.*

Die Richtigkeit der letzten Aussage bestätigt bereits die vorstehende Betrachtung des unsymmetrischen Zweiphasensystems.

*In einem unsymmetrischen Zweiphasensystem ent-
sprechend Bild 80 - d.h. einem solchen, in dem die
Ströme und Spannungen in beiden Phasen gleich
groß und um $\pi/2$ Phasenverschoben sind - ist der
Augenblickswert der Leistung zeitlich konstant.*

Im allgemeinen, d.h. wenn keine besonderen Kunstschaltungen angewandt werden, ist in <u>unsymmetrischen</u> Mehrphasensystemen der Augenblickswert der Leistung zeitlich nicht konstant, sondern pulsiert mit der
doppelten Frequenz wie die der Spannung. Daraus folgt, daß in einem
unsymmetrisch belasteten Generator oder einem unsymmetrisch ge-
speisten Motor das Drehmoment an der Welle nicht konstant ist, sondern
ähnlich schwankt wie die elektrische Leistung (nach dem Energiesatz
muß ja die elektrische Energie gleich der mechanischen sein). Damit
werden auch die Aussagen in 5.4.2 bestätigt, daß das bei unsymmetri-

schen Systemen auftretende Gegensystem in rotierenden Maschinen
Momentanschwankungen bewirke.

Systeme, in denen der Augenblickswert der Summen-
leistung zeitlich konstant ist, werden auch als
balancierte Systeme bezeichnet.

Die in Mehrphasensystemen auftretende konstante Augenblicksleistung
darf nun allerdings nicht dahingehend gedeutet werden, daß in solchen
Systemen keinerlei Leistungspendelungen auftreten. Das wird klar, wenn
man sich z.B. einen mit ohmschen Widerständen und Kondensatoren symmetrisch belasteten Drehstromgenerator vorstellt, wie in Bild 103 dargestellt. In den an Wechselspannung liegenden Kondensatoren wird periodisch Energie gespeichert - aufgenommen - und wieder abgegeben.

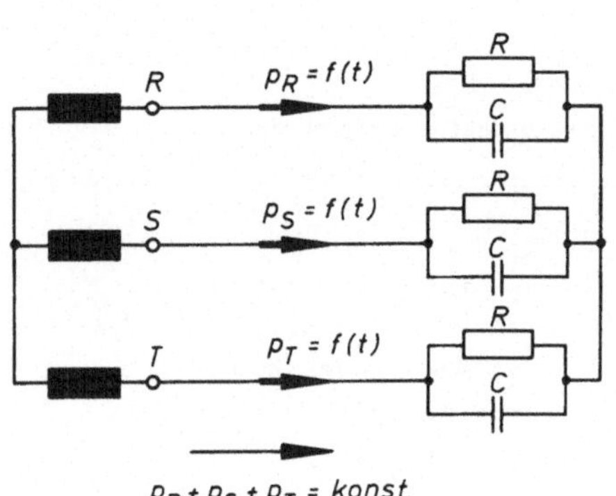

Bild 103 Leistungsfluß in einem kapazitiv belasteten Dreiphasensystem

In den einzelnen Phasen können also durchaus Leistungspendelungen - Blindleistung - auftreten, wie dies durch den zweiten Term der Gleichung (10) beschrieben wird. Die Summe der Blindleistungen aller Phasen wird als die <u>Blindleistung des Mehrphasensystems</u> bezeichnet und kann entsprechend 5. 5. 1 berechnet werden.

*Auch in balancierten Mehrphasensystemen, in denen
also der Augenblickswert der Summenleistung zeitlich konstant ist, können in den einzelnen Phasen
Leistungspendelungen infolge Umspeichervorgängen
- Blindleistung - auftreten. Die Blindleistung des
Systems ergibt sich als Summe der Blindleistungen
aller Stränge.*

5.6. Drehfelder

Die überragende praktische Bedeutung der symmetrischen Mehrphasensysteme liegt außer in dem konstanten Leistungsfluß in der Möglichkeit,
Drehfelder zu erregen, die den Betrieb robust aufgebauter Asynchron-
maschinen ermöglichen. Der Mechanismus der Drehfelderzeugung soll
im folgenden lediglich vom Prinzip her erläutert werden.

Betrachtet wird ein m-phasiges symmetrisches Stromsystem

$$i_1 = \hat{I} \sin \omega t$$

$$\vdots$$

$$i_\nu = \hat{I} \sin \left[\omega t - (\nu-1)\frac{2\pi}{m} \right]$$

$$\vdots$$

welches eine m-strängige Wicklung durchfließt. Die einzelnen Stränge
dieser Wicklung sind in einem magnetisch leitenden Zylinder symmetrisch über die Bohrung verteilt angebracht. Legt man entsprechend
Bild 104 durch die Ebene des ersten Stranges das Bezugssystem und bezeichnet man die Umfangskoordinate mit γ, so liegt die Ebene der fol-
genden Wicklungsstränge also bei $\gamma_2 = 2\pi/m$, $\gamma_3 = 4\pi/m$, $\ldots$, $\gamma_\nu = (\nu-1)2\pi/m$, $\ldots$

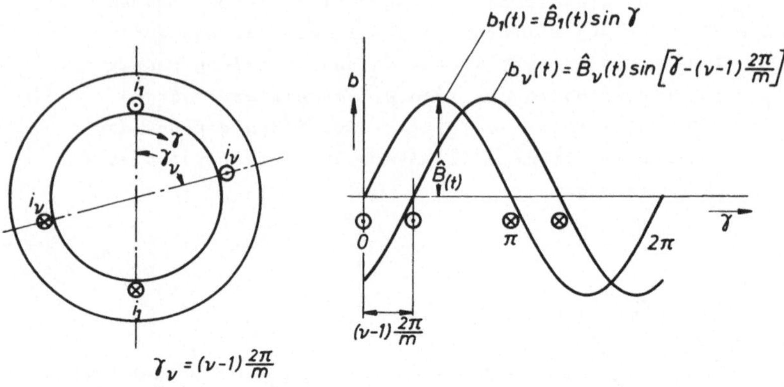

Bild 104 Schematische Darstellung der Wicklungs- und Induktionsverteilung in Drehfeldmaschinen

Ohne auf die Berechnung der Induktion einzugehen, sei für jeden Strang
eine solche Wicklungsanordnung angenommen, daß der Strom in diesem
Strang ein Feld erregt, dessen Induktion räumlich sinusförmig über den
Bohrungsumfang verteilt ist. Sind alle Stränge gleich, so werden bei gleichen Strömen auch gleiche Felder erregt, die lediglich entsprechend der
räumlichen Verschiebung der Wicklungsebenen auch mit einer <u>räumli-</u>
<u>chen</u> Phasenverschiebung am Umfang auftreten und durch die Gleichungen

$$b_1 = \hat{B}_1 \sin\gamma$$

$$\vdots$$

$$b_\nu = \hat{B}_\nu \sin\left[\gamma - (\nu-1)\frac{2\pi}{m}\right]$$

$$\vdots$$

(46 a)

beschrieben werden können. Die Induktionsamplitude dieser räumlich
sinusförmigen Induktionsfelder ist dem im Strang fließenden Strom pro-

portional, d.h., sie ändert sich wie dieser sinusförmig mit der Zeit.

In einer Drehfeldmaschine wird über jeden Strang
von dem durch ihn fließenden sich zeitlich sinus-
förmig ändernden Strom ein räumlich sinusförmig
über den Umfang verteiltes Induktionsfeld erregt,
dessen Größe wie der Strom sich zeitlich sinus-
förmig ändert, ohne daß sich die räumliche Ver-
teilung ändert. Ein solches Feld wird als
Wechselfeld bezeichnet.

Nimmt man an, daß der Scheitelwert des Stromes $\hat{I}$ die maximale Induktion $\hat{B} \sim \hat{I}$ erregt, so lassen sich die Zeitfunktionen der räumlichen Induktionsamplituden wie folgt schreiben:

$$\hat{B}_1(t) = \hat{B}\sin\omega t$$
$$\vdots$$
$$\hat{B}_\nu(t) = \hat{B}\sin\left[\omega t - (\nu - 1)\frac{2\pi}{m}\right]$$
$$\vdots$$

$$(46\,b)$$

Die Amplituden der räumlichen Induktionsfelder treten also an den den Wicklungssträngen entsprechenden verschiedenen Umfangslagen zu verschiedenen Zeiten auf.

Auch ohne nähere mathematische Betrachtungen kann man sich vorstellen, daß bei geeignet gewählten Anordnungen die Strommaxima zeitlich aufeinanderfolgend so in den räumlich hintereinander am Umfang angeordneten Wicklungssträngen auftreten, daß das Induktionsmaximum von Wicklungsstrang zu Wicklungsstrang am Bohrungsumfang weiterwandert. Bei räumlich symmetrischer Anordnung der Wicklungsstränge und zeitlich symmetrischen Phasenverschiebungen der Strangströme heißt das aber, daß sich die Induktionsamplitude am Bohrungsumfang von Wicklungsstrang zu Wicklungsstrang stetig verschiebt, d.h., sie rotiert mit konstanter Winkelgeschwindigkeit, und man spricht von einem Drehfeld.

Setzt man die Zeitfunktionen der Induktionsamplituden entsprechend Gleichungen (46 b) in die Gleichungen (46 a) ein, so ergeben sich die räumlichen Wechselfelder der einzelnen Stränge zu:

$$b_1(\gamma,t) = \hat{B}\sin\omega t \sin\gamma$$

$$\vdots$$

$$b_\nu(\gamma,t) = \hat{B}\sin\left[\omega t - (\nu-1)\frac{2\pi}{m}\right]\sin\left[\gamma - (\nu-1)\frac{2\pi}{m}\right]$$

$$\vdots \tag{47}$$

Mit Hilfe der Additionstheoreme werden die Sinusprodukte in Summen umgewandelt:

$$b_1(\gamma,t) = \hat{B}\frac{1}{2}\left\{\cos(\omega t - \gamma) - \cos(\omega t + \gamma)\right\}$$

$$\vdots$$

$$b_\nu(\gamma,t) = \hat{B}\frac{1}{2}\left\{\cos(\omega t - \gamma) - \cos\left[\omega t + \gamma - 2(\nu-1)\frac{2\pi}{m}\right]\right\}$$

$$\vdots$$

Das resultierende Induktionsfeld in der Bohrung ergibt sich durch Überlagerung aller Felder, die über die m Stränge erregt werden, d.h., es müssen die Gleichungen für $\nu = 1$ bis m addiert werden.

$$b(\gamma,t) = \sum_{\nu=1}^{m} b_\nu(\gamma,t) = \hat{B}\frac{m}{2}\cos(\omega t - \gamma) - \frac{\hat{B}}{2}\sum_{\nu=1}^{m}\cos\left[\omega t + \gamma - 2(\nu-1)\frac{2\pi}{m}\right] \tag{48}$$

Die Kosinusgrößen in der Summe obiger Gleichung (zweiter Term) werden bei symmetrischen Systemen mit m > 2 durch einen symmetrischen Zeigerstern symbolisiert, woraus man erkennt, daß diese Summe gleich Null ist (siehe Bild 102). Damit wird aber das resultierende Induktionsfeld am Bohrungsumfang durch die Gleichung

$$b(\gamma,t) = \sum_{\nu=1}^{m} b_{\nu}(\gamma,t) = \frac{m}{2}\hat{B}\cos(\omega t - \gamma) \tag{48 a}$$

beschrieben. Daß durch diese Gleichung ein räumlich sinusförmig über den Bohrungsumfang verteiltes, mit konstanter Winkelgeschwindigkeit rotierendes Induktionsfeld dargestellt wird, erkennt man aus folgender Betrachtung:

1.) Zu jedem beliebigen Zeitpunkt t_x herrscht in der Bohrung eine Induktionsverteilung

$$b_{\gamma,t=t_x} = \frac{m}{2}\hat{B}\cos(\omega t_x - \gamma)$$

konstanter Amplitude $\hat{B}$ m/2 und gleicher räumlich sinusförmiger Verteilung, die jedoch um den zeitabhängigen räumlichen Winkel $\gamma_x = \omega t_x$ gegenüber dem Bezugspunkt $\gamma = 0$ am Umfang verschoben ist.

2.) An einer beliebigen Stelle des Umfanges $\gamma = \gamma_x$ schwankt die Induktion

$$b_{t,\gamma=\gamma_x} = \frac{m}{2}\hat{B}\cos(\omega t - \gamma_x)$$

sinusförmig mit der Frequenz $f = \omega/2\pi$ zwischen den positiven und negativen Maximalwerten $\pm\,\hat{B}$ m/2.

Die Rotationsgeschwindigkeit des Drehfeldes erhält man als Geschwindigkeit eines beliebigen Punktes der Induktionskurve gekennzeichnet durch b = const. Hierfür gilt $\cos(\omega t - \gamma)$ = const. und daraus folgt $(\omega t - \gamma)$ = const. Der betrachtete Punkt der Induktionskurve hat also gegenüber dem festen Bezugspunkt $\gamma = 0$ am Ständerumfang die zeitabhängige räumliche Winkellage $\gamma = \omega t - const.$ Die Winkelgeschwindigkeit des Drehfeldes ergibt sich damit zu:

$$\omega_{mech} = \frac{d\gamma}{dt} = \omega \; .$$

In der Praxis werden häufig Drehfelder mit kleineren Winkelgeschwindigkeiten benötigt. Das erreicht man dadurch, daß die in Bild 104 dargestellte Wicklungsverteilung auf den p-ten Teil des Kreisumfanges zusammengedrängt und über den ganzen Umfang p-mal periodisch wiederholend angeordnet wird. Damit wiederholt sich auch die sinusförmige Induktionsverteilt p-mal periodisch über den Umfang. Das resultierende Drehfeld wird dann durch die Gleichung

$$b(\gamma,t) = \frac{m}{2}\hat{B}\cos(\omega t - p\gamma)$$

beschrieben. Für ein solches <u>p-poliges Drehfeld</u> ergibt sich für einen Punkt der Induktionskurve $b = const.$ aus $(\omega t - p\gamma) = const.$ die zeitabhängige Winkellage $\gamma = (\omega/p)t - const./p$ und daraus die Winkelgeschwindigkeit dieses Drehfeldes zu:

$$\omega_{mech} = \frac{d\gamma}{dt} = \frac{\omega}{p} \; . \tag{49}$$

Als Drehfeld bezeichnet man ein über den Kreisumfang räumlich sinusförmig verteiltes, zeitlich mit unveränderter Amplitude rotierendes Induktionsfeld.

Von einem symmetrischen m-phasigen Stromsystem wird über m räumlich rotationssymmetrisch verteilte Wicklungsstränge ein Drehfeld erregt, wenn über jeden Strang der jeweilige Phasenstrom

ein räumlich sinusförmiges Wechselfeld erregt.
Die Amplitude des Drehfeldes ist gleich m/2
mal der maximalen Amplitude des Wechselfeldes
eines Stranges.

Für das <u>symmetrische Zweiphasensystem</u> wird die Summe der beiden Kosinusschwingungen in Gleichung (48) nicht Null, da deren Phasenverschiebung Null ist

schiebung Null ist

Es werden zwei gleich große gegenläufige Drehfelder erregt, deren Summe ein reines Wechselfeld darstellt.

Werden von dem <u>unsymmetrischen Zweiphasenstromsystem</u>,bestehend aus zwei gleich großen, um $\pi/2$ zeitlich gegeneinander phasenverschobenen Strömen,zwei um $\pi/2$ räumlich am Kreisumfang versetzte, gleich aufgebaute Wicklungsstränge gespeist, so entstehen entsprechend Gleichung (47) zwei Wechselfelder der Form:

$$b_1(\gamma,t) = \hat{B}\sin\omega t\,\sin\gamma$$

$$b_2(\gamma,t) = \hat{B}\sin(\omega t - \tfrac{\pi}{2})\sin(\gamma - \tfrac{\pi}{2})\ .$$

Diese Gleichungen in Summen umgeformt

$$b_1(\gamma,t) = \hat{B}\tfrac{1}{2}[\cos(\omega t - \gamma) - \cos(\omega t + \gamma)]\ ,$$

$$b_2(\gamma,t) = \hat{B}\tfrac{1}{2}[\cos(\omega t - \gamma) - \cos(\omega t + \gamma + \pi)]$$

und addiert

$$b(\gamma,t) = \hat{B}\cos(\omega t - \gamma)$$

ergeben den gleichen Ausdruck wie Gleichung (48 a) mit m = 2.

> *Werden zwei räumlich um $\pi/2$ am Kreisumfang ver-*
> *setzte Wicklungsstränge von einem unsymmetrischen*
> *Zweiphasenstromsystem gespeist, so daß zwei*
> *gleiche, aber räumlich und zeitlich um $\pi/2$ gegen-*
> *einander verschobene Wechselfelder erregt werden,*
> *dann tritt ein Drehfeld auf, dessen Amplitude*
> *gleich ist der der Wechselfelder.*

Es sei darauf hingewiesen, daß die Erregung räumlich sinusförmiger Felder über eine geeignete Wicklungsanordnung bei der praktischen Realisierung auf erhebliche Schwierigkeiten stößt. Darauf einzugehen, würde aber die hier angestrebten prinzipiellen Erläuterungen erheblich erschweren und über den Rahmen der Grundlagen weit hinausgehen.

Literaturverzeichnis

Barkhausen, H. : Einführung in die Schwingungslehre
S. Hirzel Verlag, Leipzig 1958.

Bosse, G. : Grundlagen der Elektrotechnik III. Bibliographisches
Institut, Mannheim 1969.

Fricke, H. , Moeller, F. , Ptassek, R. , Schuchhardt, W. ,
Vaske, P. : Beispiele und Aufgaben zu den Grundlagen der
Elektrotechnik. B.G. Teubner, Stuttgart 1969.

Grafe, H. , Loose, J. , Kühn, H. : Grundlagen der Elektrotechnik,
Bd. 2. Alfred Hüthig Verlag, Heidelberg 1969.

Jordan, H. , Greiner, M. : Mechanische Schwingungen. Verlag
W. Girardet, Essen 1952.

Lunze, K. : Berechnung elektrischer Stromkreise (Leitfaden und
Aufgaben). Alfred Hüthig Verlag, Heidelberg 1968.

Moeller, F. : Grundlagen der Elektrotechnik , Bd. 1.
B.G. Teubner, Stuttgart 1971.

Oberdorfer, G. : Lehrbuch der Elektrotechnik, Bd. 1.
Verlag Oldenbourg, München 1961.

Parnemann, K. , Mann, H. : Aufgaben aus der Elektrotechnik, Teil 3.
Hermann Schroedel Verlag, Hannover 1963.

Schwenkhagen, H. F. : Allgemeine Wechselstromlehre, Bd. 1.
Springer Verlag, Berlin/Göttingen/Heidelberg 1951.

v. Weiss, A. : Allgemeine Elektrotechnik. Winter sche Verlags-
buchhandlung, Prien 1961.

Teubner Studienbücher

Die Paperbackreihe für das Studium,
zur Vorlesung und zur Prüfungsvorbereitung,

Becker, Technische Strömungslehre
Eine Einführung in die Grundlagen und tech-
nischen Anwendungen der Strömungsmechanik
DM 9,80 (Verlags-Nr.3019)

Wieghardt, Theoretische Strömungslehre
DM 16,80 (Verlags-Nr.2034)

Magnus, Schwingungen
DM 16,80 (Verlags-Nr.2302)

Becker, Gasdynamik
DM 16,80 (Verlags-Nr.2035)

Lautz, Elektromagnetische Felder
DM 13,80 (Verlags-Nr.3020)

Mayer-Kuckuk, Physik der Atomkerne
DM 17,80 (Verlags-Nr.3021)

Stiefel, Einführung in die numerische
Mathematik
DM 16,80 (Verlags-Nr.2039)

Collatz, Differentialgleichungen
DM 16,80 (Verlags-Nr.2033)

Clegg, Variationsrechnung
DM 10,80 (Verlags-Nr.2038)

Kochendörffer, Determinanten und Matrizen
DM 12,80 (Verlags-Nr.2037)

Witting, Mathematische Statistik
DM 16,80 (Verlags-Nr.2036)

Jaeger/Wenke, Lineare Wirtschaftsalgebra
Zwei Bände. Je DM 14,-- (Verlags-Nr.2011/12)

Preisänderungen vorbehalten

Teubner Studienskripten

Neumann, Steuerungslehre

Ein Unterweisungsprogramm. 3 Bände

501 Band 1 Schaltalgebra (Boolesche Systeme)
    114 Seiten mit 94 Bildern
    (Verlags-Nr.0501)

502 Band 2 Speicher. Optimierung
    150 Seiten mit 86 Bildern
    (Verlags-Nr.0502)

503 Band 3 Code und Bausteingruppen
    Etwa 120 Seiten mit Bildern
    (Verlags-Nr.0503)

In Vorbereitung:

Frohne, Elektrische Meßtechnik
2 Bände. Je ca. 200 Seiten